CULTIVAR CHOICE

野菜品種はこうして選ぼう

Suzuki Koichi
鈴木 光一

創森社

にぎわう
農産物直売所

売れ筋野菜は品種で決まる ～序に代えて～

１９９０年代以降、全国各地至るところに誕生した農産物直売所への出荷が急増しています。直売所がいくぶん林立ぎみとはいえ、おおむね活況を呈し、今や直売所ビジネスは総売上一兆円に迫る一大産業になろうとしています。

当初、直売所に出品される野菜は、もともと生産農家の高齢者や女性陣が家族のためにつくっていた野菜に余分ができたため、「おすそ分け」の意味合いが強かったのです。しかし、生産者として野菜をつくるからには、やはり「売れる」に越したことはありません。

売れる野菜をめざすとき、野菜の品目、品質にこだわり、パッケージなどに工夫を凝らすのは当然ですが、大前提となるのは「どの野菜の、どの品種がよいのか」という品種選びです。直売所に出荷する生産者は、つい同じ時期に同じ野菜、同じ品種をつくりがちになり、競合することになって売り上げが伸びなくなってしまうからです。

直売所を利用するお客さんが求めるのは、個性的で豊かな風味、形質を持ち、健康機能性がある野菜。もちろんスーパーなどになく、旬《しゅん》のもので鮮度がよく、生産者などがわかる野菜です。そこで野菜品種のことをよく理解したうえで、基本品種を柱に据え、人目を引く品種もつくり、この両者をバランスよく作付計画に組み込むことがポイントになるのです。

本書では野菜、および野菜苗をつくり続け、野菜の直売所と種苗店を兼営している体験にもとづき、直売所へ出荷する生産者はもちろん、家庭菜園を愛好する方々をも対象に品種選びのノウハウを惜しみなく披露したつもりです。読者のみなさんのお役に立てればなによりです。

２０１６年 仲冬　　鈴木 光一

野菜品種はこうして選ぼう◎もくじ

根菜類

第3章

収益増は品種選びと組み合わせ方しだい

第4章 野菜のブランド力と集客力を高める

・MEMO・

◆本書の播種、定植などの作業時期、および作業暦は、著者の所在地である福島県郡山市を基準にしています。当地は県中央に位置し、西北に奥羽山脈、東を阿武隈山系に囲まれた盆地で積雪量は多くなく、わりあい穏やかな内陸性気候です。

◆野菜の品種名は、主として登録品種名(種苗会社の種を入れた絵袋に記載)をもとにしていますが、一部に一般名、地域での呼称、系統名などを述べています。

ようこそ鈴木農場&伊東種苗店へ

鈴木光一さんは水田 6ha、畑 3ha を手がけるかたわら、自宅横で野菜の直売所と親戚から受け継いだ種苗店を切り盛りしている

直売所と種苗店を兼営

エダマメの選果

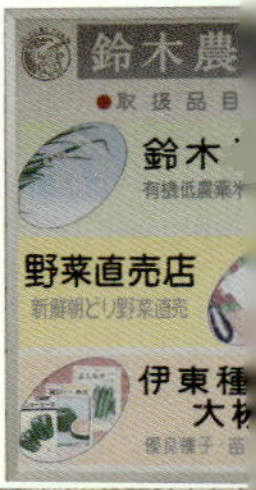

店頭の案内

陳列台のエダマメなどを整える

ブロッコリーなどの育苗ハウス

鈴なりのミニトマト（トマトベリーキューピット）を房取りする

カボチャやスウィートコーンを軽トラの荷台に積む

カボチャ（バターナッツ）を収穫

直売所の奥に種袋の棚を設置

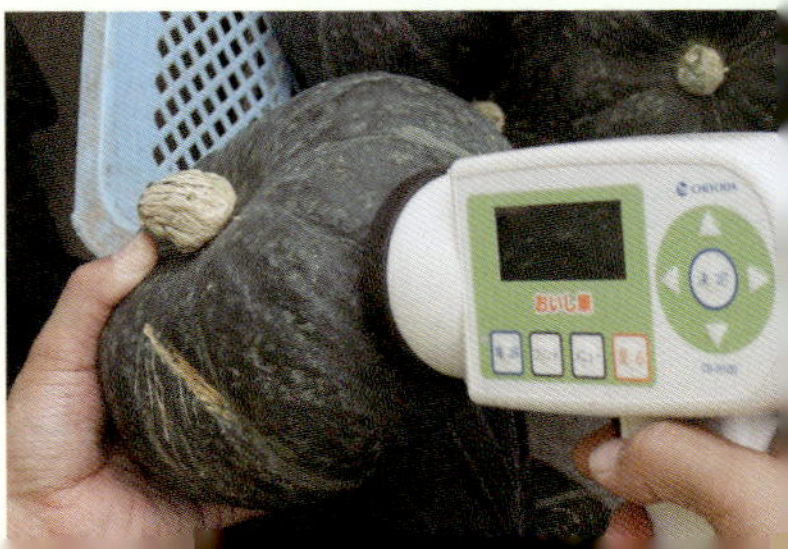

カボチャの糖度を計測

引っぱりだこの とれたて野菜がお目見え

基本品種と人目を引く品種を巧みに組み合わせるのが鈴木流。夏場に多く出回るナス科の果菜類を例に一部をピックアップする

ナス

紫水

長緑ナス

ガンディア

ひすいナス

フレンチ

マー坊

黒長ナス

京まんじゅう

埼玉青大丸

ロッサビアンカ

ピーマン、パプリカ

ミニパプリカチョコ

色づく前のミニパプリカ

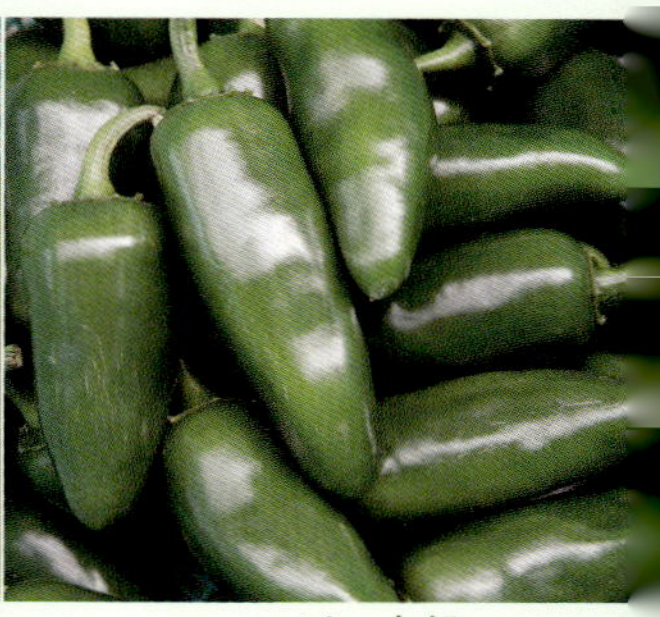

ピー太郎

紫パプリカ

ミニパプリカイエロー

ぷちピープロ 73 イエロー

白パプリカ

ミニパプリカレッド

ぷちピープロ 70 レッド

ぷちピープロ 76 オレンジ

ミニトマト

皮がやわらかく甘いフラガールや黄色、緑色などの品種を取り混ぜる

ブランド野菜の魅力を発信

例年、8、12 月に開催する「あぐり市」。若手農家が集う「あおむしくらぶ」メンバーが中心となって、地元郡山のブランド野菜などをもりたてる

ブランド野菜の例

ハイカラリッくん

グリーンスウィート

万吉どん

佐助ナス

陳列品に名札をつける（鈴木さんの長男の智哉さん）

あぐり市へどうぞ

鈴木光一さん（下左）と「あおむしくらぶ」の仲間たち

買い物客でにぎわう

ブランド野菜などが勢ぞろい。3 台設置した陳列台の一つ

地場野菜を受け入れるイタリアンレストラン「Fuku-ché -cciano（福ケッチァーノ）」のシェフたちも来場

第 1 章

なぜ、野菜品種が決め手になるのか

野菜を厳選する客は、今や品種、産地まで吟味

野菜こそ品種力で勝負

こんにちは！　野菜農家の鈴木光一です。

30年前から福島県郡山市の大槻町で、野菜を栽培しています。最初は家の前に野菜を並べた、無人の直売所が始まりでした。お客さんの声や、料理人のニーズに応えるうちに、どんどん作目や品種が増えて、気がつけば、年間およそ50品目、３６０品種以上を栽培しています。

なぜこんなに多いのか？　それは「売れる品種」を自分で選んで、それを必要としている方たちにお届けしているからです。

市場流通とは違う直売向きの品種

もともと米農家で、大規模稲作に限界を感じた私は、手探りで野菜の勉強をしながら、直売を続けていました。大きな転機となったのは、１９９７年、祖母の実家が経営していた伊東種苗店を引き継いで、野菜の栽培と並行して、種と苗を販売するようになったことでした。

種屋には、いろいろな種苗メーカーの方がやってきます。ときには育種を担当しているブリーダー（植物などの繁殖家）の方たちと、最新品種について、情報交換できるようになりました。そして気づいたことがあります。

消費地から遠く離れた大産地では市場流通が中心なので、どうしても「そろいがよくて、栽培しやすい、棚持ちがいい」品種が優先的に選ばれますが、実際に種苗会社が育種している中には、そうでない品種もたくさんあるのです。

たとえばニンジン。日本には３００～４００種もの品種が存在しています。そこには大量流通には向かないけれど、おいしくて、栄養価が高くて、郡山の気候風土に適している、そんな品種もたくさんあります。

私たち都市近郊の生産者は、日持ちや棚持ちよりも、おいしさや栄養価、個性のある品種を選んで、地元のみなさんに届けていこう。そんな視点で野菜

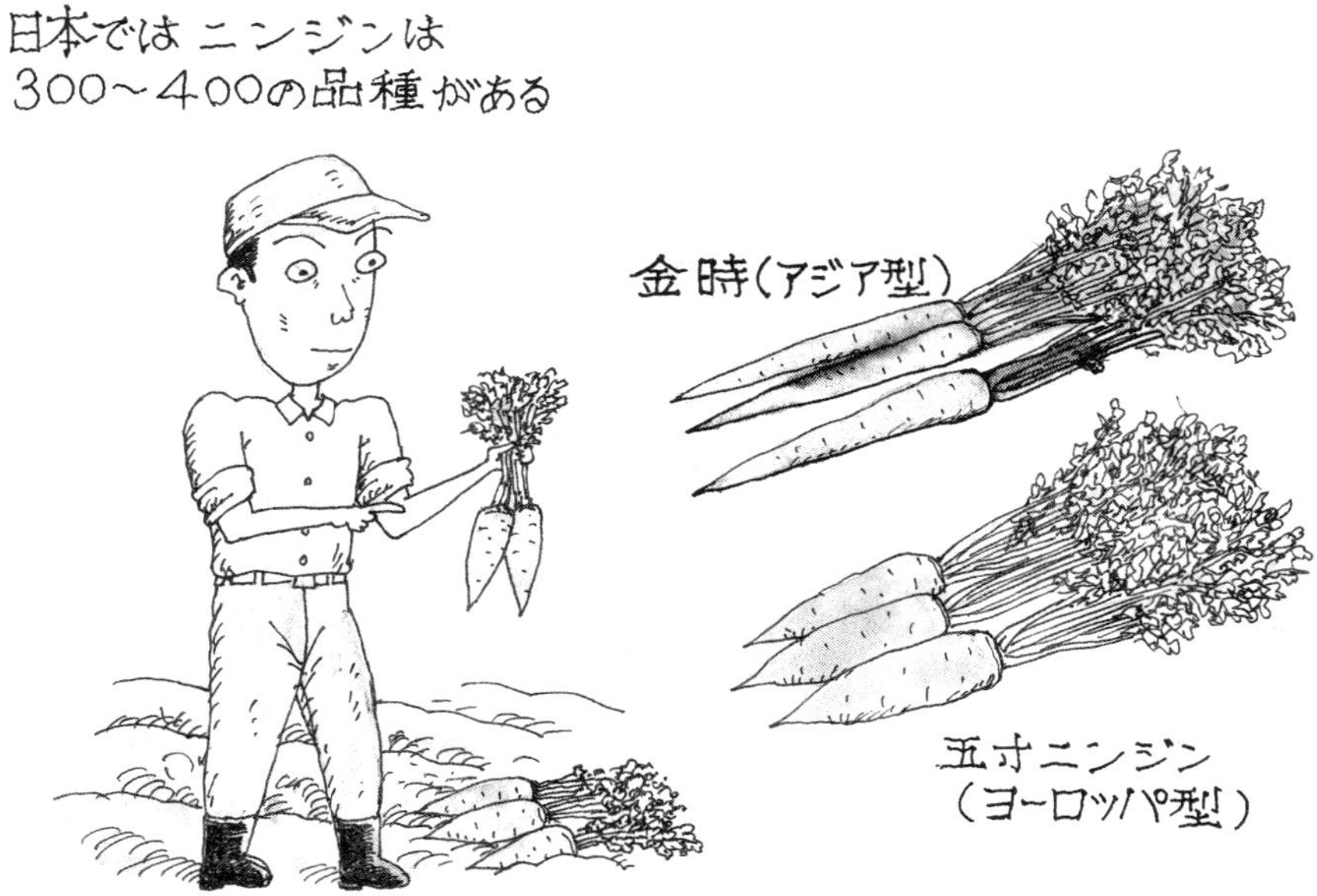

をつくることで、収益は確実に上がってきたし、野菜をつくるのが、どんどん楽しくなっていきました。

個性派野菜は直売所でも引っぱりだこ

折しも90年代後半から全国的に農産物直売所が増えてきました。郡山周辺にもいくつか大型農産物直売所が誕生し、多くの人で賑わっています。今や、野菜の生産者にとって、直売所は外せない売り先の一つ。そこにビジネスチャンスも生まれています。

しかし、まわりの生産者と同じ品種を、同じ時期に、漫然とつくっていたのでは、ちっとも利益は上がりません。ナスの旬は同時にやってくるので、売り場の棚は紫のナス一色に染まります。ここで技術の未熟な新人ファーマーが同じ品種で勝負したら、おそらくベテランファーマーのナスにはかなわないでしょう。値付けは自由なようでいて、じつは周囲とのバランスの取り方が難しいのも直売所の常。旬の時期にありがちな、安売り合戦に巻き込まれてしまいます。

そんなとき、みんなと違う長〜いナスとか、緑色

図1　私の品種選びの手順

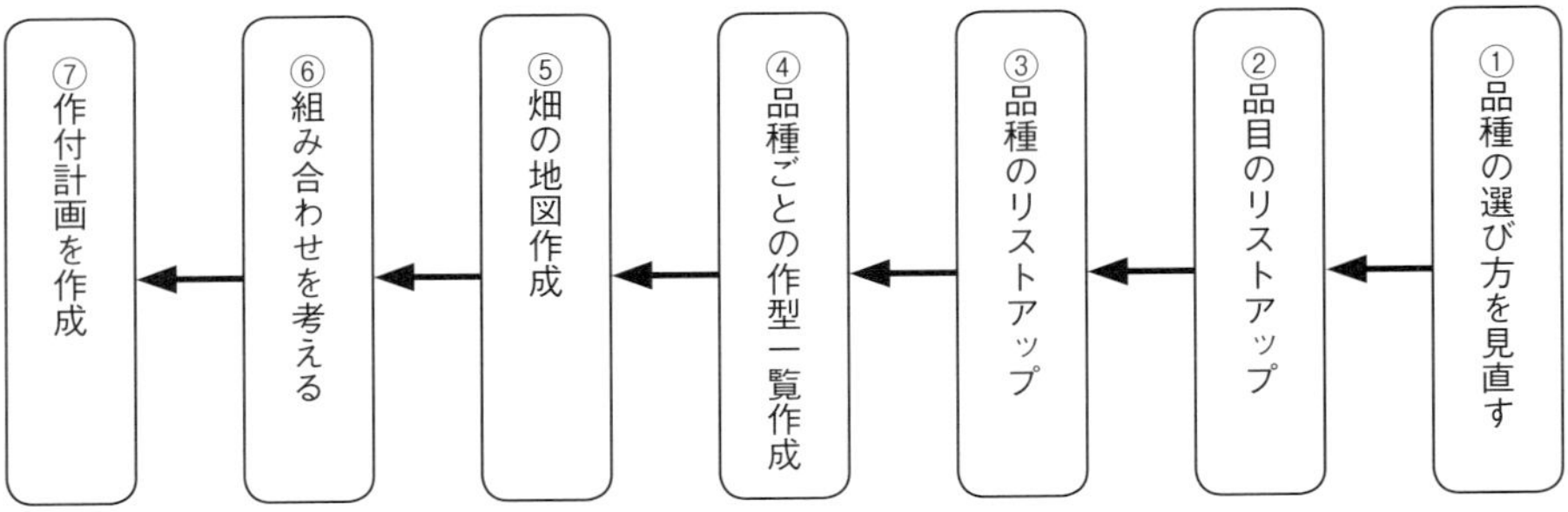
①品種の選び方を見直す
②品目のリストアップ
③品種のリストアップ
④品種ごとの作型一覧作成
⑤畑の地図作成
⑥組み合わせを考える
⑦作付計画を作成

品種の選び方の見直しから、作付計画の作成までを毎年くり返す。品種のリストアップのときに「基本品種」と「人目を引く品種」を分け、バランスよく組み合わせ、作付計画をつくる

表1　品種によって味に差が出やすい野菜、出にくい野菜

味に差が出やすい	一部差が出る	味に差が出にくい
インゲン、エダマメ、エンドウ、カボチャ、キャベツ、サツマイモ、ジャガイモ、スイカ、スイートコーン、ダイコン、トマト、ナス、ニンジン、ハクサイ、ホウレンソウ、メロン、小カブ	キュウリ（やわらかさ）、ゴボウ（やわらかさ）、ネギ（軟らかさ）、タマネギ（甘味）、カリフラワー、ブロッコリー	オクラ、コマツナ、ソラマメ、パプリカ、ピーマン、ミズナ、レタス

のナスとか、しましまのナスを出せる。それだけで、単価も売り上げも変わってくるはずです。また、まだみんなが出す前に極早生《ごくわせ》のスイートコーンが出せる。エダマメの旬は終わっても、まだ晩生《おくて》の品種が出せる。そこにも品種を選んで導入する力が問われてくるのです。

新規就農者も含めて、野菜の生産者にとって、直売に適した品種を選ぶ品種力は、これから大いに役立つはずです。参考までに、私の品種選びの手順（**図1**）と品種によって味に差が出やすい野菜、出にくい野菜（**表1**）を紹介しておきます。

新たに野菜を手がける

大規模稲作をするはずが……

私は福島県郡山市近郊の大槻町で生まれ育ちまし

た。祖父の代、父の代も農業をやっていて、私で三代目になりました。それまではずっと米中心の農家で、現在でも栽培しています。というのも郡山の西に位置する猪苗代《いなわしろ》湖から、落差を利用して水を引く安積《あさか》疏水。明治初期にこれができたおかげで、郡山市の西側一帯は、灌漑面積９０００haにも及ぶ、広大な水田地帯になりました。その規模は、秋田県の八郎潟に次ぐといわれたほど。平成の大合併で新潟市が拡大される前までは、郡山市が米穀生産量日本一の市でした。

ですから祖父も父もずっと米を栽培してきましたし、私自身も大規模な稲作に取り組もうと考えていたのです。

地元の高校を卒業した私は、東京農業大学へ進みました。卒論のテーマは「大規模稲作の成立条件に関する研究」。その論文は学長賞に輝いたほどでした。そうして「米をつくるぞー」と、意気揚々と帰ってきた私は、農業を始めたのですが、80年代半ばの当時、日本と郡山の米事情は、大きく変わっていました。

かつて戦後の日本は、食料難で食料としての米の生産量を増やすことが国策の柱となっていました。昭和20～30年代までは、全国的にも「米をつくろう！」という食料増産の機運が高く、農家の人たちは一生懸命に米をつくっていました。もちろん郡山の稲作地帯でもつくっていたのですが、昭和37年頃をピークに、米の消費量が落ち込んでいきます。

日本にいろいろな国の食文化が入り込んできて、食生活の洋風化が進みました。カレー、ラーメン、ハンバーグ……いろいろな料理を食べるようになって、米中心の食生活から、パン、パスタ……米以外のいろいろな選択肢が出てきました。そして70年に、減反政策が始まって、田んぼから米だけでなく、他の作物をつくる方向へと政策が変わっていったのです。

野菜をつくって売ってみよう

私が大学を卒業して郡山へ帰り、農業を始めたのは１９８６年。わが家は、それまで米づくり一本でがんばってきたのですが、田んぼでつくる米を減らして、野菜づくりを始めよう、ということになりました。

気がつけば郡山市の郊外は都市化が進んで、私の住んでいる大槻町は、ベッドタウンに。新しい住宅が建ち並んで、住民の方たちも増えてきました。

わが家では、もともと米以外に、自給用の野菜をつくっていたのですが、それを見ていた近所の奥さんから、「その野菜、分けてほしい」。そんな声も舞い込むようになっていました。

「だったら米だけでなく、野菜もつくってみよう」

それが、野菜をつくりはじめるきっかけでした。

当時の農家の人たちは、米をつくったら農協へ。野菜をつくったら市場へ売りに行くのが、あたりまえでした。今のような農産物直売所など、まだどこにもなかった時代です。できた野菜を市場へ運んで、そこでセリにかけ、仲買人さんがせり落とす。その値段に準じてお金をいただくシステムでした。

りっぱなハクサイの値が一個わずか10円！

あれは私が大学4年生のとき。家の畑の手伝いをしていたら、ハクサイがたくさんできました。まれに見る豊作で、ものすごくりっぱなハクサイができた。うちでは消費しきれません。

「光一、お前、市場へ持っていけ」

親父にそういわれて、トラック一台に、１００個以上ハクサイを積んで、市場へ出荷しました。

市場というのは、前日の夜か当日の朝に野菜が運び込まれて、その日の朝にセリが開かれます。買参《ばいさん》権《けん》を持った仲買さんや八百屋さんたちが、欲しい野菜に値段をつけて入札する。すると、一番高値をつけた人のところに落札される。そんなシステムです。

ですから、必要な野菜が少なければ高値に、多過ぎれば安値になります。そこでつけられる値段には、味や栄養価はほとんど関係ありません。

野菜を出荷した翌日、市場へ行くと現金が支払われます。

「いくらで売れたかなあ」

と思いながら出かけていって、受け取ったのは、

「は？　１０００円？」

トラック一台分、１００個以上のハクサイの値段がたったの１０００円でした。あんなにりっぱなハクサイだったのに。一個10円にもならなかったので

す。それはもう、ものすごいショックでした。

野菜の直売を開始

自分でつくった野菜を自分で売るために

そもそも、その年のハクサイは、なぜそんなに安かったのだろうか。それは単純に需要と供給の関係です。うちでハクサイがよくできた年は、周囲の農家もよくできるので、みんな市場へ持っていきます。とはいえ地元の八百屋さんで売れる量は決まっているし、余っているからそんなに大量には買わないのです。するとどんどん売れなくなります。だからベラボーに安くなる。

「これじゃ種代や肥料代にもならない。せっかくいい野菜をつくっていても、市場に出していたら、ちっとも割に合わないぞ」

そう思いました。ちなみに私が出したハクサイは、一個10円以下で買い取られていきましたが、実際スーパーや八百屋さんの店頭に並ぶときは、一個１５０円とか２００円で売られているわけです。どこかで誰かが利ザヤを稼いでいる。市場に任せていたら、どこかの誰か持っていかれてしまう。

「自分でつくった野菜を、自分で売るということは、それなりに労力も必要だし、大変なことかもしれない。だけどその分、自分に入る利益が多くなるから、やっぱり自分で売るほうがいい。これから、野菜の直売を始めよう！」

このとき、そう思ったのです。

無人の直売所では利益が出ない

まず、家の前で無人直売所を始めました。真ん中にテーブルを置いて、袋詰めした野菜を並べて一袋１００円とか２００円と値段を決めて表示して、「ここに代金を入れてください」と料金箱も置きました。

そうして並べた野菜はよく売れました。でも、一日が終わって、売れた野菜とお金を精算すると、収支が合ったことは、一度もありません。誰も見ていないから、黙って野菜を持っていく人が、たくさんいたのだと思います。

これではちっとも採算がとれない。誰か店番を置かなくちゃ。となると人件費を払っても利益が出るくらい売り上げを出さなくちゃいけない。

「それにはもっと種類を増やして、いろいろな野菜をつくらなきゃ」

そこから野菜の猛勉強が始まります。時は減反政策真っ最中。米をつくらず余った田んぼがたくさんあります。田んぼ一枚は30ａあるので、いろいろな野菜をつくっていきました。

無人の直売所だけではちっとも利益が出ないので、今度は軽トラに野菜を積んで、住宅街を回って引き売りを始めました。当時は長ナスの「黒陽」とか、トマトの「強力米寿2号」など、市場出荷用のオーソドックスな品種が中心でした。

直接お客さんと会話しながら販売していると、

「エダマメも欲しいわ」

「カボチャが食べたい」

と、どんどんリクエストが増えていきます。とはいえ私は八百屋ではないし、よそから仕入れてまで売るつもりはない。だったら自分でつくるしかないと、どんどん作目を増やしていきました。

売り上げは年々倍増 春先には野菜苗も販売

最初の年、直売所の売り上げは平均して月５万円ぐらい。年間60万円になりました。次の年は１５０万円。その翌年は３００万円、次の年は６００万円、その次の年は……年１０００万円を超えるのに、そんなに時間はかからなかったと思います。

売り上げが順調に伸びていくのはよかったのですが、自分のところだけで栽培して、直売していると、どうしても問題点が出てきます。

たとえば、３、４、5月になると、郡山周辺では売る野菜がなくなってしまうのです。

「春先、どうしようかな？」

まず、この時期でも販売できる米を売りたい。当時は「食管法」という法律があって、自分で栽培した米もお米屋さんを通さなければ、自由に売れない時代でした。

「米穀商の免許が欲しい」

当時は希望者が多くて、募集が4件しかないところに200件も申し込みが殺到。抽選になるのですが、くじ運がよかったのか、みごと当選。こうして米も販売するようになり、野菜と合わせて直売を軸とした経営をするようになりました。

野菜の少ない春先の時期、種をまいて野菜苗をつくっていました。トマトやナス、キュウリなど、夏野菜が中心です。これをたくさんつくって、農家や家庭菜園向けに販売するようになっていました。

自宅脇に開設した直売所で野菜、野菜苗、米などを販売

種苗店も引き継いで

ばあちゃんの実家の種屋を継ぐことに

そんなとき、こんな話が舞い込んできました。

「ばあちゃんの実家の種屋を、継いでみないか」

それは、郡山市の中心地である開成の交番近くにあった伊東種苗店。鈴木家に嫁いできた私の祖母の実家です。ですからうちで使う種は、いつもそこから買っていました。そこに後継者がいないので、店を閉めることになりました。

そもそも種屋というのは、誰もが自由になれるものではありません。種苗を販売する権利がないとできない。それはまた種屋の子弟や、種苗会社から独立した人でなければ、簡単に受け継げるものではないのです。

「お前は野菜を売っているんだから、この際、その種も扱ってみたらどうだ？」

今から17～18年前。各地に農産物直売所が増えていて、野菜の直売は珍しいことではなくなっていました。郡山周辺の農家も、直売所での販売を目的にいろいろな野菜をつくるようになっていたのです。「種の勉強をしたい。直売に合った品種を、農家向けに販売していきたい」

そうして野菜の栽培と直売を続けながら、種について猛勉強。シードアドバイザーの資格を取って、97年に伊東種苗店を引き継いだのです。

「儲かる種」で勝負したい

ここで、昔と今の種の違いについてお話ししましょう。

そもそも野菜の種というのは、昔は自家採種が主流でした。自分の畑で種をとって、そこから野菜をつくってまた売る……。それが固定種と呼ばれる品種です。品種特有の個性的な風味をもつ在来種なども、ほとんど固定種と考えてよいでしょう。

一方、現在販売されている種子は、異なる性質の種をかけ合わせて、最初の一代限り現れるF_1種（雑種第一代。first filial generation＝最初の子どもの世代の意）と呼ばれる交配種で、全体の95％を占めるといわれています。

これをつくるには、専門技術が必要で、民間の育種家や種苗会社の人たちが、こぞって開発しています。自家採種では、F_1種から同じ性質をもった種をとることができません。早生、中生、晩生、収量が多い、病気に強い、食味がよい、ビタミンやミネラルが豊富……そんな特徴をもたせて、さまざまな品種を生み出しています。

たとえばスイートコーンの「ゴールドラッシュ」という品種。一度ヒットすると、農家の人たちはこぞってそれを買い求めます。すると種屋が儲かる。そして種苗メーカーはさらに儲かる。種屋としては、儲かる種の情報をいち早く仕入れて売りたくなるのです。

直売所と種苗店を兼営。お客さんのニーズはもちろん、種苗メーカーの方からのネタも入ってくるようになる

ブリーダーの話がおもしろい

直売所と種屋を兼営するようになったことで、直接種苗メーカーの方たちと話をする機会が増えてきました。

種をまけば、その年のうちに収穫できる野菜と違い、新品種は1～2年でできるものではありません。ブリーダーは、色や形、性質の異なる品種の交配を繰り返し、5年後、10年後の日本の農業や、消費者の動向を見据えてつくっているのです。中でも育種を担当しているブリーダーたちの話は、とても興味深いのです。

あるメーカーのブリーダーが、「これからは、昔の固定種のような品種がはやると思う」と話していたかと思えば、「甘い野菜が主流になるから、新品種は糖度を上げることに力を入れている」とか。

はたまた別の会社では、「これからの野菜は、絶対に機能性が要求される。どれだけ身体にいいか。そこを見据えて、ビタミンやミネラルの高い品種をつくりたい」

そんな野菜の話を聞いていると、ああ、日本の野菜ってこうやって変わっていくんだろうなって、だんだんわかってくる。仕事の合間に、ブリーダーの方たちから、そんな話を聞くのが、とても楽しみになりました。

ブランド野菜を発信

ご当地野菜、ないならつくってしまえ！

そうこうしているうちに、お客さんからこんな質問を受けることが多くなってきました。

「郡山の特産品って何？」

「郡山にしかない、野菜はないの？」

ここ10年くらい「伝統野菜」がブームです。京都の京野菜、石川の加賀野菜、山形の庄内野菜……そんなふうに昔ながらの伝統野菜を復活させて、町おこしに活用する流れが起きていて、郡山の人たちも「うちの街にもないの？」「あったらいいのに」と思うようになっていたのです。

同じ福島県でも、城下町の会津には伝統野菜があって、今もつくり続けている人たちがいます。ところが郡山は明治以降新しくできた町なので、これといった伝統野菜が見当たりません。

思いつくのは「阿久津曲がりねぎ」「布引《ぬのびき》高原大根」「熱海《あたみ》の梨」ぐらい。種類も量も少なく、他産地に比べるとインパクトに欠ける感じがしました。

また、経営面を考えたとき、自家採種の種や固定種の多い伝統野菜は、収量も不安定で、大きさや形状も不ぞろいです。考え方しだいですが味や香り、栄養価などで魅力があるとはいえ、自家菜園用や小規模の直売などの場合を除き、決して多くの利益を見込める商品ではありません。野菜の専業農家や新規就農者が積極的につくるには、意外に向かないものも多いのです。

「郡山は新しい町だから、新しいものを取り入れてチャレンジしていこうという気風がある。ご当地野菜がないのなら、みんなの好みに合ったものを、種

試験栽培の段階だったエダマメが引っぱりだこになり、今やブランド野菜の一つに

収穫したばかりのエダマメを選別、計量。出盛り期は人海戦術で

袋詰めしたエダマメをいったんコンテナに収納。陳列台に並ぶのを待つ

苗メーカーの最新品種の中からつくってしまえ！」

当時の私は、若手の専業農家が集まる「郡山農業青年会議所」の会長をやっていたので、当時のメンバーに聞いてみました。

「一緒に、郡山のブランド野菜をつくらないか？」

うちのエダマメだけが名指しで売れていく

その頃、ある種苗メーカーのブリーダーさんと、こんな話をしました。

「鈴木さん、エダマメの中でも茶豆は、たしかにうまいですよ。だけど見た目は決してよくないし、一番おいしいのは、お盆過ぎの9月頃なんです」

「たしかに。ビールが一番うまい7～8月に、きれいな緑色で、なおかつ味のいいエダマメがあったらいいなあ」

「でしょ。だから早生タイプで、味も茶豆風の枝豆をつくりたいと思ってつくってみたんです。まだ全国には出せないけど、鈴木さんは直売所もやっているから、試験栽培して、お客さんの反応を見てもらえませんか？」

「よーしわかった。つくってみるよ」

そうやって託されたエダマメの種を、早速まいてつくってみました。ちょうど郡山市内に、ＪＡ全農福島の農産物直売所「愛情館」ができたばかりの頃でした。まだ試験栽培の段階で、メーカーの農場の片隅で埋もれていた、というその品種はあざやかなグリーン。８月上旬、早速売り場に並べてみると、

「鈴木さんのエダマメが、もうなくなりました。他の人もいっぱい出してるんですが、お宅のだけ、なぜか名指しで売れていくんです」

これには私も驚きました。ちょうど早生のエダマメが旬を迎えた時期で、他の生産者もいっぱい出している。それなのにうちのだけが、なぜか名指しで売れていくのです。お客さんは、同じエダマメでもちゃんと食味の違いを見分けて、おいしいものを選んでいる。これが「品種力」なのだと思いました。

市場や市長に売り込んでみると……

「このエダマメを、郡山のブランド野菜にしよう！」

翌年はまだ種子はそんなにとれないという話だったので、私が全量引き受けて、郡山の仲間たちと栽培することになりました。生産量が一気に増えます。直売所だけでは販売しきれません。

当時、大槻町にできたばかりの郡山市総合地方卸売市場へ乗り込んでいきました。卸さん、仲卸さんたちを集めてプレゼンテーションをしたのです。

「郡山の若手生産者のみんなで、新しいエダマメをつくります。新しいブランド野菜として、きちっと販売してくれるところを探しています。量に限りがあるので、一番やる気のあるところと組みます！」

思えばまだモノもできていないのに、なんて生意気な若造だったろうと思うのですが、地元スーパーヨークベニマルさんと取引している、あさかのFreshさんが手を挙げてくださり、販売面でもいい感じでスタートを切ることができました。

翌年、新しいエダマメができると、郡山市の藤森英二市長（当時）にもお願いしました。

「市長、じつはみんなでブランド野菜のエダマメをつくったんです。召し上がってみてください」

「……これはうまい！　すぐ商工観光課の部長を呼べ！」

なんと市長は、無類のエダマメ好きだったのです。いきなり担当者を呼びつけて、

「今度のビール祭りで、このエダマメを販売させてあげなさい」

といってくださったのです。本来、郡山のビールまつりに出店するには、出店料を払ってブースを借りなければいけないんですが、このときは、急遽特別に販売させていただくことになりました。

こうして私たちの郡山ブランド野菜第1号「グリーンスウィート」は、華々しいデビューを飾ったのです。

問われる品種選び

価格競争にさらされず「選ばれる野菜」に

地元の若手生産者たちと、03年から一年に1品種のペースで郡山ブランド野菜をつくり上げてきました。私の試行錯誤の中から生まれたエダマメ「グリーンスウィート」に始まって、キャベツの「冬甘菜《ふゆかんな》」、ナスの「佐助ナス」、「御前《ごぜん》人参」、ホウレンソウの「緑の王子」、「ささげっ子」、ネギの「ハイカラリッくん」、ニンジンの「紅御前《べにごぜん》」と続いてきました。

東日本大震災と原発事故が起きた年は、やむなく休止せざるをえませんでしたが、しっかり検査して、基準値をクリアした安全な野菜だけを出荷する体制も整ってきたので、

「これまで私たちがやってきたことは間違いない。そしてこれからも必要だ」と確信して、ブランド化を再開。

「おんでんカボチャ」、サツマイモの「めんげ芋」、ニンジンの「紅御前」タマネギの「万吉どん」。そして15年12月には12番目のブランド野菜となるカブの「あこや姫」が誕生しました。

いつか郡山に来れば、一年中、いつでもここでしか味わえない、地元の人に愛されているブランド野菜が食べられる。そんな日が来るのをめざして、今もずっと品種の選定と栽培、そして販売を進めてい

ます。

こだわって品種を選び、つくってきたブランド野菜を流通の中心となる市場経由の野菜と同じように価格競争にさらすのではなく、地元の方々、郡山に来た方々に選ばれ、求められるような野菜にしていきたいのです。

品種力を高めて売り場で勝負!

今や農産物直売所は、全国に2万3560カ所、1兆円近い売り上げがあり、100万戸の農家が出荷しているといわれています。

高齢化、TPP問題、耕作放棄地……農業をめぐる課題は、尽きませんが、それでも農産物直売所には、一年中新鮮な野菜が並んでいて、多くの人が新鮮で、おいしくて、健康に役立つ野菜を求めてやってきます。

とくに郡山のような都市近郊の直売所には、すぐそばにお客さんがたくさんいて、売り場はいつも活気に満ちています。

かつて直売所には、農家の自家用菜園で余った野菜が持ち込まれていました。だけど今は、それだけでは通用しません。同じ時期に同じ品種が大量に集まってしまっては、かつての市場と同じ。漫然と人と同じ品種をつくっているだけでは、売り上げは伸びません。

かたや時期をずらしたり、目新しい品種、食味や栄養価、機能性の高い品種をつくることで、売り上げを伸ばすことも可能です。

高齢で大量にはつくれないけれど、野菜づくりを続けたいベテラン農家や、経験は浅くてもきっちり売りたい新規就農者にも、直売所ならチャンスはあるのです。

そこで試され、問われるのが品種力。売れる品種を見きわめる「目」と、上手に畑を回転させて組み合わせながら、つくり続ける「技」が、必要です。

そしてこの品種力を身につければ、今、とりたて特産品と呼べる野菜のない地域でも、仲間と協力して新たにブランド野菜を立ち上げることも不可能ではありません。

第２章

野菜ごとに有望品種を選んでつくる

トマトベリーキューピットを、房どりする

ミニトマト

蕃茄／*tomato*
ナス科トマト属
原産地＝南米アンデス山地

来歴と特性

トマトの原産地は南米アンデス山脈の高地。その歴史は古く、初めて栽培されたのは、アステカやインカだったといわれています。

アンデス高原にふり注ぐ太陽、カラリと乾燥した気候、昼夜の温度差、水はけのよい土壌。こうした環境が、トマトの栽培に適していたのです。

現在流通している品種の中では、「マイクロトマト」と呼ばれる直径数ミリの小さなチェリートマトが、原種に一番近い姿だといわれています。

トマトはコロンブスの大陸発見以降、ヨーロッパに持ち込まれ、当初は観賞用の植物として広まりました。大飢饉で食べ物がなくなり、仕方なくイタリア人が食べたのが、食用の始まりといわれています。

日本には17世紀半ば、やはり観賞用として伝来しました。食用になったのは明治時代に欧米の野菜が入ってきてからです。

色も形も多種多様直売所のトップスター

80年代にイタめしブームが起きてから、トマトへの注目度が高まります。それまで日本でトマトといえば、生でカットして食べる大玉系の品種がメインでしたが、ソースとして使う加工用品種、中玉、ミニ。そして黄、グリーン、縞模様など大きさも色も多彩で、多くの品種があり、そのバリエーションを楽しむお客さんも増えてきました。今やスーパーや直売所の売り場にも、何種類ものトマトが並んでいて、見る人もわくわくする、直売所の花形スター的な存在です。

トマトのサイズは大きく分けて、大玉、中玉、ミニがありますが、専用のハウスと設備を使って長期間栽培する大玉は、専門技術が必要で、多品種多品目を栽培する直売型の農家には向きません。そこで私の農場では、もっぱらミニトマトと中玉を中心につくっています。

中でもお子さんも丸ごと食べられるミニトマトは、お弁当やサラダの彩りとして、欠かせぬ存在。食味のよい果実を、安定的に長期間出荷することが求められています。

食味にこだわった「ミニョン」と「CF千果」

ミニトマトの主役は、なんといっても赤い果実。売れ筋の品種をそろえておきたいものです。

基本品種の一つとしておすすめし

表2－1　ミニトマト

直売向き品種		特徴	播種期	収穫期	販売元
基本品種	ミニョン	うま味、食感のすぐれたミニトマト（苗のみの販売）	3/中～	7/中～10/下	福井シード
	CF千果	食味、収穫量ともにすぐれるミニトマト	3/中～3/下	7/中～10/下	タキイ種苗
	イエローミミ	甘味の強いイエローミニトマト	3/中～3/下	7/中～10/下	カネコ種苗
	オレンジパルチェ	オレンジ色の甘味、うま味の強いミニトマト	3/中～3/下	7/中～10/下	カネコ種苗
人目を引く品種	チョコちゃん	チョコレート色のミニトマト	3/中～3/下	7/中～10/下	トキタ種苗
	しましまみどり	ゼブラカラーの緑色のミニトマト	3/中～3/下	7/中～10/下	トキタ種苗
	フラガール	甘味の強いミニトマト	3/中～3/下	7/中～10/下	トキタ種苗
	ブラッディタイガー	濃い赤色のゼブラカラーのトマト	3/中～3/下	7/中～10/下	パイオニア
	トマトベリー	ハート型のかわいいミニトマト	3/中～3/下	7/中～10/下	トキタ種苗
	CFプチぷよ	皮のやわらかい良食感品種	3/中～3/下	7/中～10/下	渡辺採種場

注）パイオニアはパイオニアハイブリッドジャパンの略

ミニョン

たいのはプラム型のミニトマト「ミニョン」。糖度が10～11度と高く、味のバランスにもすぐれています。福井シードという会社が、種子ではなく苗だけを販売しているので、関心のある方は、近くのJAや種苗店に問い合わせてください。

もう一つおすすめなのは「CF千果」。濃赤色でツヤのよい丸型のミニトマトです。食味と収量性にすぐれた従来の「千果」の性質に加え、葉かび病や斑点病への抵抗性をもっていて病気に強く、つくりやすい品種です。

CF千果

黄色やオレンジ　カラフルな色使いで差別化を

トマトを直売していて興味深いのは、お客さんの世代によって好みが違うこと。子どもや若い人はみずみずしくフルーティーな甘味を好み、高齢な方ほど濃く、しっかりした味わいを望む傾向があります。

そこで私は、子どもや若者向けにフ

オレンジパルチェ

イエローミミ

ルーティーな甘味をもつ「イエローミミ」を、ご高齢の方には「オレンジパルチェ」をすすめています。

売り場を盛り上げる変わり種の品種

赤、黄、オレンジ以外にも、チョコレート色の「チョコちゃん」、グリーンの果実に縞模様が入る「しましまみどり」、赤地に黒の縞模様が入る「ブラッディタイガー」など、ユニークな色や柄の品種もあります。

また、形がユニークなのが「トマトベリー」。果実の先端が尖っていて、ハート型をしています。育種の段階で失敗作と思われていたのですが、当時まだ2歳だった種苗メーカーの社長の娘さんが「パパがイチゴを持ってきた」と大喜びしたのがきっかけで、育種が進められたという逸話も残っています。

変わり種の品種は、大量に売れることはありませんが、売り場に並んでいるとお客さんとの会話も弾み、「ではもう一袋買おう」と、手が伸びるきっかけにもなるのです。

チョコちゃん

しましまみどり

ブラッディタイガー

中玉トマト

蕃茄／*tomato*
ナス科トマト属
原産地＝南米アンデス山地

完熟果「フルティカ」と「Mr.浅野のけっさく」

中玉トマト（ミディトマト）は、大玉トマトとミニトマトの中間的なサイズのトマトで、一果30～60g。ミニトマトより食べごたえがあり、大玉トマトのようにカットせず、丸ごとガブリと食べられるのが魅力。完熟してから収穫するので、糖度が高いという利点もあります。

「フルティカ」は、その代表選手。50gほどになります。またズバリ育種家の名前を冠した「Mr.浅野のけっさく」は、30g前後。直売所でも外せないアイテムになりつつあります。

Mr.浅野のけっさく

フルティカ

シシリアンルージュ

表2－2　中玉トマト

直売向き品種			特徴	播種期	収穫期	販売元
基本品種	フルティカ		完熟してから収穫するので高糖度。丸ごとガブリの中玉トマトの代表種。良食味種	3/中～3/下	7/中～10/下	タキイ種苗
基本品種	Mr.浅野のけっさく		トマトブリーダー浅野氏の傑作。その名の通りの中玉トマト。うま味があり、良食感	3/中～3/下	7/中～10/下	渡辺採種場
基本品種	調理	シシリアンルージュ	うま味のあるトマト。火を通すことで絶品に。ソース材料に欠かせない	3/中～	6/下～10/中	パイオニア

中玉トマトには、生食だけでなく調理用というジャンルがあります。実際イタリアでは、トマトは生で味わうよりもソースとして使われる頻度が高いようです。トマトがもつグルタミン酸は、かつお節と同じうま味成分。加熱することでその味わいはより深まるので、トマトは野菜であると同時にすぐれた「調味料」ともいえるのです。

イタリアンのシェフが必要とする調理用品種

調理用品種としておすすめなのが「シシリアンルージュ」。ピンク系の大玉トマトより、機能性成分のリコピンや、うま味成分のグルタミン酸を豊富に含んでいます。

イタリア料理のシェフたちが、ソースの材料として大量に必要とするトマトでもあります。一般のお客さんには生食用トマトとの違いを説明しつつ調理法を提案することも大切です。

夏秋大玉トマト

蕃茄／*tomato*
ナス科トマト属
原産地＝南米アンデス山地

完熟果を販売できるのが直売の強み

トマトといえば、かつては大玉トマトが主流でした。今は促成、夏秋、抑制と、時期によって異なる作型で、一年中栽培されていますが、もともとトマトの旬は夏。福島県は、7～10月に収穫する夏秋トマトの栽培に適しています。

サンロード

大玉トマトは、消費地から離れていて、輸送に時間がかかるため、果実が完熟する前にもがなければならない産地と、消費者の近くで栽培できる直売農家とでは、品種選びのポイントが異なります。

私自身、甘味だけで酸味のないトマトは物足りないと思っています。また、トマトは樹で完熟させてこそ、本来の味が出せるとも思います。

そんな視点で選んだのが「サンロード」。数ある「桃太郎」シリーズの中でも、夏秋トマトの中で、とくに甘味の強い「CF桃太郎ファイト」を選び、おすすめします。

表2－3　夏秋大玉トマト

直売向き品種		特徴	播種期	収穫期	販売元
基本品種	サンロード	甘味・酸味のバランスのよい大玉トマト	3/中～3/下	7/中～10/上	サカタのタネ
	CF桃太郎ファイト	夏秋トマトの中で、とくに甘味の強いトマト	3/中～3/下	7/中～10/上	タキイ種苗
	ぜいたくトマト	フルーツ系の大玉トマト。やや小ぶりで糖度が高い（苗のみの販売）	3/中～3/下	7/上～10/下	日本デルモンテアグリ
人目を引く品種	サターン	昔なつかしい酸味・香りのあるトマト	3/中～3/下	7/中～10/上	タキイ種苗

ぜいたくトマト

CF桃太郎ファイト

サターン

高糖度のフルーツトマト なつかしい「サターン」も

また、大玉の中には、極力水を切って糖度を上げるフルーツトマトというジャンルがあります。「ぜいたくトマト」は、一般の大玉トマトより玉が小さいのですが、高価格での販売が望めます。

また、「サターン」は、昔からある品種で、露地栽培も可能。「なつかしい味がする」と、年配の方に好評です。

ナス

茄子／*egg plant,brinjal*
ナス科ナス属
原産地＝インド

定番の長ナスにも新品種続々登場

夏野菜の定番ともいえるナスは、色も形もさまざまですが、基本はやはり昔ながらの濃い紫色の長ナスでしょう。長い間「千両二号」という品種が、親しまれてきましたが、これを改良した「とげなし千両二号」は、文字通りとげがなく、つくりやすい品種です。

また、もともと関西を中心に広まっていた水ナスは、中身がやわらかく、みずみずしいので、市場流通には乗りにくいのですが、浅漬けに向いていて、しかもおいしいので、人気が高まっています。

中でも「美男」は、生でも食べられるサラダナス。やわらかく、甘味があり、浅漬けに最適。また、つくりやすく多収な品種でもあります。

「あのみのり2号」は、単為結果性をもつ新品種で、受精しなくても果実がついています。

いろいろなナスがある中で、私たちは水ナスをブランド化。「佐助ナス」と名づけました。生で食べても大丈夫。地元の言葉で「大丈夫＝さすけない」が名前の由来となっています。

ナス特有のえぐみがほとんどなく、サラダや浅漬けにもぴったりです。郡山では6月から9月いっぱい収穫できます。

来歴と特性

ナスの原産地はインド。日本には奈良時代に中国経由で伝わったといわれています。当時から漬け物などにして食べられていて、古くから日本人に親しまれてきた野菜の一つです。

ナスの栄養成分は少ないのですが、食物繊維は比較的豊富です。また、皮に含まれるナスニン、クロロゲン酸には、抗酸化作用のあるポリフェノールが含まれています。

ナスにはさまざまな種類があり、長ナスは、東北や西日本で人気。九州の大長ナス、丸ナスは京都の加茂ナスが有名ですが、会津にも「会津丸ナス」があります。米ナスは、アメリカの「ブラックビューティー」という品種を改良したもので、ヘタの部分が緑色をし

美男

表2－4　ナス

直売向き品種		特徴	播種期	収穫期	販売元
基本品種	あのみのり2号	皮のつやが抜群。 とろっとした食感もよい。 収量性も高い	3/上～3/中	6/下～10/中	日本農林
	美男	水ナスでやわらかく甘味がある。生でも食べられる	3/上～3/中	6/下～10/中	渡辺採種場
	とげなし千両二号	千両二号のとげなしタイプ	3/上～3/中	6/下～10/中	タキイ種苗
人目を引く品種	ヴィオレッタ・ディ・フィレンツェ	食感最高のナス。 注目種	3/上	6/下～10/中	藤田種子ほか
	マー坊	赤紫色でヒモナス系。 油との相性抜群	3/上	6/下～10/中	サカタのタネ
	埼玉青大丸	とろっとした食感は和食にとても人気	3/上	6/下～10/中	野原種苗
	ごちそう	甘さが断トツ。 6.5度の糖度は別もの	3/上	6/下～10/中	サカタのタネ
	庄屋大長	長ナス系の代表種。 40㎝の長さと焼きナスのおいしさは絶品	3/上	6/下～10/中	タキイ種苗
	ロッサビアンカ	色も大きさもインパクト大。 煮込み料理に合う	3/上	6/下～10/中	藤田種子ほか

あのみのり２号

ごちそう

着果し、肥大する性質をもっています。色つやもよく、加熱したときの、とろりとした食感がたまりません。

また、料理人の評価が高いのが「ごちそう」です。果肉が緻密で、アクが少なくジューシー。果物のようにコンポート（砂糖煮）にしても美味。刺身でも食べられる。そんな表現の幅の広さがプロの料理人を含め、多くの方々から受けているようです。

「ごちそう」は、トマトのように、一房に3～5個着果する珍しいナスでもあります。栽培するときは、乾燥しないように、絶えず水管理に注意してください。

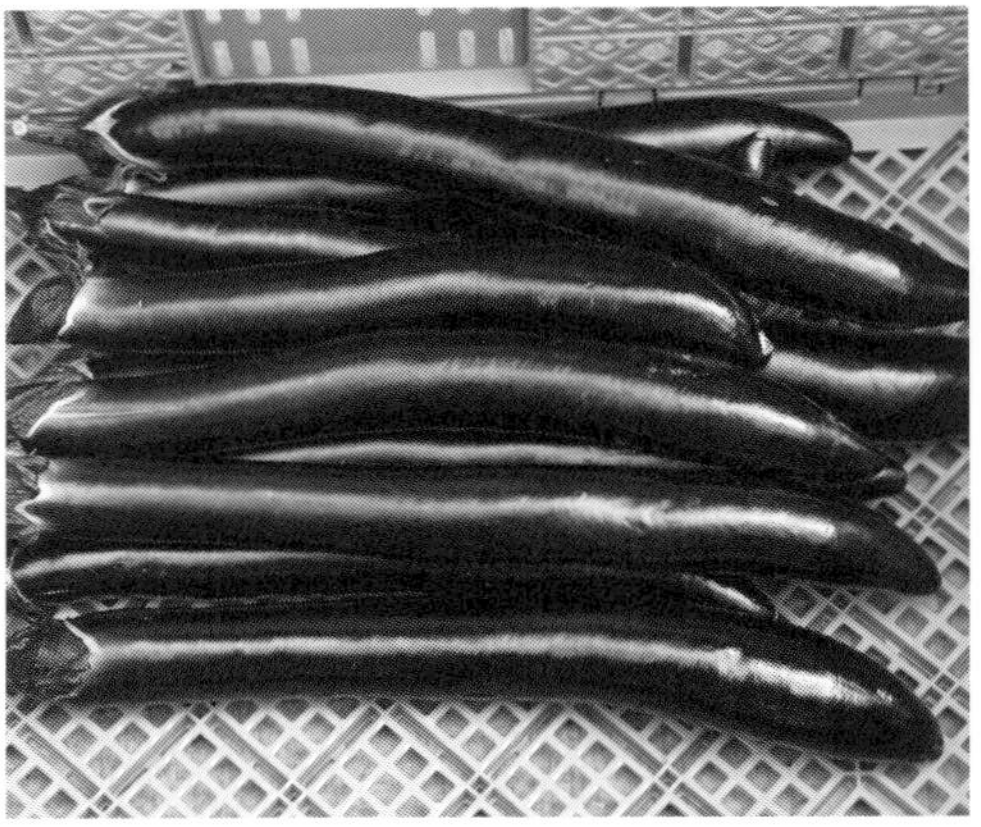

庄屋大長

ヴィオレッタ・ディ・フィレンツェ

マー坊

ロッサビアンカ

色、形、肉質……料理によって使い分け

ナスは地方によって、形や大きさもさまざまですが、最近は外国産の珍しい品種も入手可能になってきました。

たとえばイタリア生まれの「ヴィオレッタ・ディ・フィレンツェ」。まるで長岡の「巾着ナス」のようなひだをもつ、果形の美しいナスです。独特の食感があり、姿を生かして丸ごと使う料理におすすめです。

皮が赤紫色の「マー坊」は、油を使った炒め物や揚げ物に、長さ40cmに達する「庄屋大長」は、焼きナスに最適。白と紫のグラデーションが美しい「ロッサビアンカ」は、煮込み料理に……。そんなふうに、品種によって料理法を使い分ける楽しみもあります。

ピーマン

西洋唐辛子／*green pepper*
ナス科トウガラシ属
原産地＝熱帯アメリカ

来歴と特性

ナス科トウガラシ属には、トウガラシ、シシトウガラシ、ピーマン、パプリカと、じつに幅広い作物が属していて、辛いものはホットペッパー（辛味種）、甘いものはスイートペッパー（甘味種）に分類されます。

その中で、甘味種の緑色の未熟果がピーマンと呼ばれています。甘味種の原産地はメキシコ。18世紀にアメリカで現在のようなベル型の大型果種が開発され、明治期に日本へ導入されましたが、当時は定着しませんでした。

日本で本格的に栽培されるようになったのは、1950年代以降。西欧風の料理や中華の炒め物に欠かせぬ存在ですが、鼻に残る独特の風味があり、長い間子どもたちが、もっとも苦手とする野菜といわれてきました。

ニューエース

京ひかり

直売所でピーマンは地味な存在ですが、サラダや炒め物など料理のバリエーションも広く、一定のニーズがあるため、売り場になくてはならない品目です。

長期間収穫できるので、苗一本当たりの収益がかなり高い作物です。

昔ながらの「ニューエース」

子どもたちが苦手なこともあって、近頃は果皮が薄く香りの少ない品種が主流になっていますが、肉厚で風味の強い昔ながらのピーマンを求めている方もいます。

わが家で栽培しているのは、昔ながらの「ニューエース」。肉厚で肩の張った中獅子型と呼ばれるタイプで、ピーマンらしいピーマンとして、料理人からも高い評価を得ています。

もう一つは果皮が薄く果実が細長い「京ひかり」。タイプの違うピーマンを

表2－5　ピーマン

直売向き品種		特徴	播種期	収穫期	販売元
基本品種	京ひかり	耐病性、中型、濃緑種。秀品率が高い	3/上	6/下～10/下	タキイ種苗
	ニューエース	果肉に厚みあり、香りもよい。昔ながらのピーマンらしいピーマン	3/上	6/下～10/下	タキイ種苗
人目を引く品種	ピー太郎	苦み、ピーマン臭が少なくジューシー。栽培しやすい	3/上	6/下～10/下	タキイ種苗
	とんがり	70g前後の大型ジャンボピーマン。甘味あり食味良好	3/上	6/下～10/下	ナント種苗

つくり、お客さんの好みに応じて売り分けられるのも直売所の強みです。

一個70gのジャンボピーマンも

売り場に並んだとき、ひときわ目立つのが、ジャンボピーマン「とんがり」です。通常のピーマンが一個30ｇ前後なのに対し、これはなんと70ｇと倍以上の大きさ。人目を引くだけでなく、甘味の強い品種でもあります。

子どもだけでなく、ピーマンが苦手な大人にも食べやすいピーマンとして開発されたのが、「ピー太郎」。別名こどもピーマンとも呼ばれています。

ピー太郎

栽培のヒント

アブラムシの防除を欠かさずに

ピーマンは、長期間収穫できるのが強みですが、収穫のピークが一時期に集中しやすいため、売れ残りが多くなることが難点です。

長期間、品質のよいピーマンをとり続けるために欠かせないのが、アブラムシの防除。これを怠ると、アブラムシが運んできたウイルス病により、大きな被害を受けてしまいます。

まずピーマンの畑に、アブラムシの嫌う銀黒マルチを張ります。さらに畑の風上に緑肥のソルゴー（イネ科の飼料作物）を植え、アブラムシの侵入を防ぎます。背の高いソルゴーは、風を防いでくれるので、果実のスレを減らす効果もあります。

カラーピーマン、パプリカ

西洋唐辛子／*sweet pepper, bell pepper*
ナス科トウガラシ属
原産地＝熱帯アメリカ

来歴と特性

グリーンのピーマンが、辛味のないトウガラシの未熟果であるのに対し、これが完熟して黄、オレンジ、赤色になったものが、カラーピーマン。その中でも大型で、肉厚のタイプをパプリカと呼んでいます。

若どりするタイプのピーマンは、早い時期から収穫可能ですが、カラーピーマンやパプリカの場合、花が咲いてから果実に色がつくまで7週間もかかります。

スーパーに出回っている肉厚のパプリカは、韓国やオランダ、ニュージーランドなど外国産が多くなっています。

その大部分はガラス温室で、養液栽培されているのです。ところが、これを露地でつくろうとすると、害虫や病気、日焼けなどのため、うまくつくるのが本当に難しい野菜でした。

ぷちピープロ73イエロー

ゴールドキング

ベイビーキスシリーズ３品種

露地でも栽培可能な小型のパプリカ

それでも肉厚で甘味があり、料理の彩りとしても活躍するパプリカは、料理人や一般の主婦層の方からも人気が高く、きちんとつくれれば、確実に売れる商品になります。

なんとか露地の畑でも、手軽につくることはできないかと、品種改良が進められ、登場したのがミニカラーピーマンの「ぷちピープロ」です。

直径2～3㎝前後。果実は赤、オレンジ、黄色があり、果実が小さいので、従来のカラーピーマンよりたくさん収穫できます。露地栽培はもちろん、プランターでも栽培できるつくりやすい品種です。

柿のような丸い形をした「セニョリータ」は、50～60g。露地栽培可能なハンガリアンタイプのパプリカです。

表2－6　カラーピーマン、パプリカ

直売向き品種		特徴	播種期	収穫期	販売元
基本品種	レッドキング ゴールドキング オレンジキング	良品質でベル型、肉厚。 1果150 ～ 200gの大型種	2/下～ 3/上	7/中～ 9/下	中原採種場
	パプリレッド パプリゴールド パプリオレンジ	150 ～ 250g。 開花後40 ～ 60日で完熟する	2/下～ 3/上	7/中～ 9/下	丸種
	セニョリータレッド セニョリータゴールド セニョリータオレンジ	露地栽培可能なハンガリアンパプリカ。 50 ～ 60g。楕円形	2/下～ 3/上	7/中～ 9/下	サカタのタネ
	ぷちピープロ70レッド ぷちピープロ73イエロー ぷちピープロ76オレンジ	フルーティで甘さと香りのあるフルーツミニカラーピーマン。 栽培しやすい多収種	2/下～ 3/上	7/中～ 9/下	トキタ種苗
	ベイビーキスレッド ベイビーキスイエロー ベイビーキスオレンジ	70 ～ 80g 。普通ピーマンサイズで形は大型パプリカと同じ。 つくりやすく豊産	2/下～ 3/上	7/中～ 9/下	横浜植木
人目を引く品種	ジャンボカラーピーマンホワイト	白ピーマン。1果80 ～ 100g。 初期より白い色がついている。 ハウス栽培向き	2/下～ 3/上	7/中～ 9/下	カネコ種苗
	ジャンボカラーピーマンパープル	紫ピーマン。1果80 ～ 100g。 初期より紫の色がついている。 ハウス栽培向き	2/下～ 3/上	7/中～ 9/下	カネコ種苗
	ミニパプリカレッド ミニパプリカイエロー ミニパプリカチョコ	ベル型で20g前後の大きさ。 かわいらしいサイズが目を引く（色づく前の未熟果は緑色）	2/下～ 3/上	7/中～ 9/下	藤田種子

ハウスがあれば大型パプリカに挑戦

当初は小ぶりな品種が多かったカラーピーマンですが、品種改良が進んで、土耕でも栽培可能な大型品種が増えています。

「レッドキング、ゴールドキング、オレンジキング」のシリーズは、一果当たり150g、「パプリレッド、パプリゴールド、パプリオレンジ」のシリーズは、150~250gとかなり大型です。

ホワイトやパープルの大型品種も登場しています。未熟の緑、黄、オレンジ、赤、そして白と紫も加えれば、6色そろって華やかに。直売所をカラフルに彩る注目株。着花してから完熟するまでの期間が長いので、ハウスで栽培するほうが望ましいでしょう。ぜひ挑戦してみてください。

トウガラシ

唐辛子／*hot pepper, green pepper*
ナス科トウガラシ属
原産地＝熱帯アメリカ

来歴と特性

ピリリと辛いトウガラシは、野菜であると同時に香辛料＝スパイスとして、さまざまな料理に活用されます。

中南米の熱帯地域原産で、コロンブスの大陸発見を機にスペインにもたらされ、またたく間に世界に広まりました。日本には南蛮船に乗ったポルトガル人が伝えたといわれています。

昭和40年代まで「鷹の爪」「八房」「三鷹」など、辛味の強いトウガラシは全国的に栽培されていましたが、中国産に押され、国産は激減しています。

一方、80年代の激辛ブーム、エスニックブームによって見直され、発汗作用を促すカプサイシンはダイエットにも役立つといわれています。

シシトウ（シシトウガラシ）はトウガラシの甘味種。京都の万願寺唐辛子や伏見甘長はその仲間です。つやのある緑色で、長さは5～6㎝ほど。見た目は青唐辛子のようですが、辛味はなく、独特の香りと苦味が特徴です。

トウガラシは世界的に見ても種類が多く、土質を選ばず、たくさん実をつけて収穫時期も長い。そんなつくりやすさも魅力の一つです。

万願寺唐辛子

激辛・中辛・甘タイプをつくり分けよう

ひと口にトウガラシといっても、そ

表2－7　トウガラシ

	直売向き品種	特徴	播種期	収穫期	販売元
基本品種	げきから	辛味の強い下向き赤トウガラシ	3/上	7/上～10/下	渡辺採種場
	鷹の爪	辛味の強い上向き赤トウガラシ	3/上	7/上～10/下	タキイ種苗
	甘とう美人	万願寺甘とうのF_1種。多収でつくりやすい	3/上	7/上～10/下	タキイ種苗
	つばきグリーン	F_1のシシトウ。つくりやすく、シシトウになる率が高い	3/上	7/上～10/下	武蔵野種苗園
人目を引く品種	ハバネロ	激辛種	3/上	7/上～10/下	各社
	ブート・ジョロキア	超激辛種。世界一の辛さともいわれている	3/上	7/上～10/下	藤田種子ほか
	黄とうがらし	とてもきれいなイエローのトウガラシ。激辛種	3/上	7/上～10/下	中原採種場

の辛さにはランクがあり、お客さんもそれぞれに好みがあります。「鷹の爪」は、オーソドックスな昔ながらの日本のトウガラシ。さらに辛味の強い「げきから」は、長さ12cmに達する大型の品種です。

世界的に見るとギネスブックに載るほど辛味の強い品種があります。「ハバネロ」や「ブート・ジョロキア」がそのタイプ。「ブート・ジョロキア」は、タバスコソースの200倍の辛さがあり、うちの畑で栽培していた実を、実習生が食べたところ、あまりの辛さに1時間も悶絶したことがありました。それ以来、激辛品種は「危険物」として、ドクロマークをつけて栽培しています。

げきから

甘トウガラシなのに辛いのは?

甘トウガラシの仲間では、万願寺唐辛子系のF_1種の「甘とう美人」、シシトウの「つばきグリーン」がつくりやすく、すっきりした甘味があります。

甘トウガラシなのに、たまにものすごく辛いシシトウに〝当たる〟ことがありますが、それは栽培環境が原因です。

乾燥して水が十分吸収できなかったり、根が水没して酸欠状態になったり、秋、急に寒くなって、生長に時間がかかったりすると、果実がスムーズに育たず、実の内部で皮と種をつないでいる胎座という部分に辛味成分のカプサイシンが多く蓄積されてしまうのです。

ブート・ジョロキア

ピーマンよりも根が細く、デリケートな作物なので、水分補給には注意すること。灌水チューブを設置して、マルチを張り、乾燥時には水やりを欠かさないことで、辛くない甘トウガラシをつくりましょう。

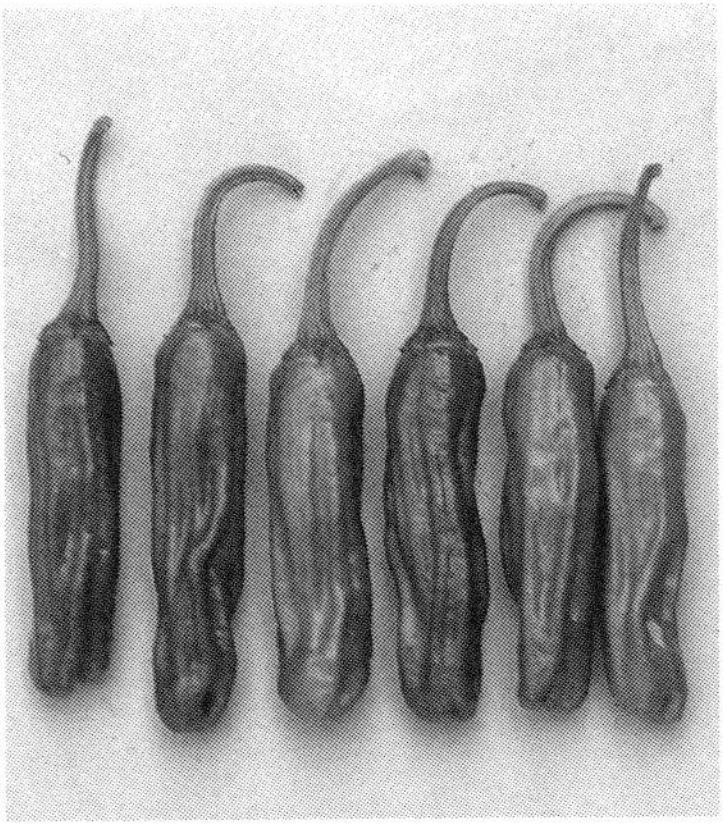

つばきグリーン

キュウリ

胡瓜／*cucumber*
ウリ科キュウリ属
原産地＝インド北部ヒマラヤ山麓

来歴と特性

キュウリの原産地は、インド北部のヒマラヤ山麓といわれています。野生のキュウリはとても苦くて食べられたものではなかったそうですが、3000年以上の間、人間が栽培し、選抜、改良を進めるうち、現在のようなすっきりした味わいのキュウリが生まれたのです。

日本には奈良時代に中国からもたらされ、食用として本格的に普及したのは江戸時代後期のことでした。

名前の由来は、中国で西方民族を胡と呼んでいたので、西方から来た瓜という意味で胡瓜と呼ばれるようになったのです。

見た目のブルームレスよりも食味のブルームキュウリを

近年、キュウリの消費量が減った理由として、かつてのブルームキュウリから、「ブルームレス」品種が主流になったことがあげられます。

ブルームは、キュウリの実から出てくる蝋質の物質で、表面が白い粉を吹いたような状態になります。昔はブルームが出るキュウリが主流でしたが、一時期これが「農薬ではないか」と誤解され、カボチャの台木に接《つ》ぎ木して栽培するブルームレスキュウリが、市場を制圧した観があります。

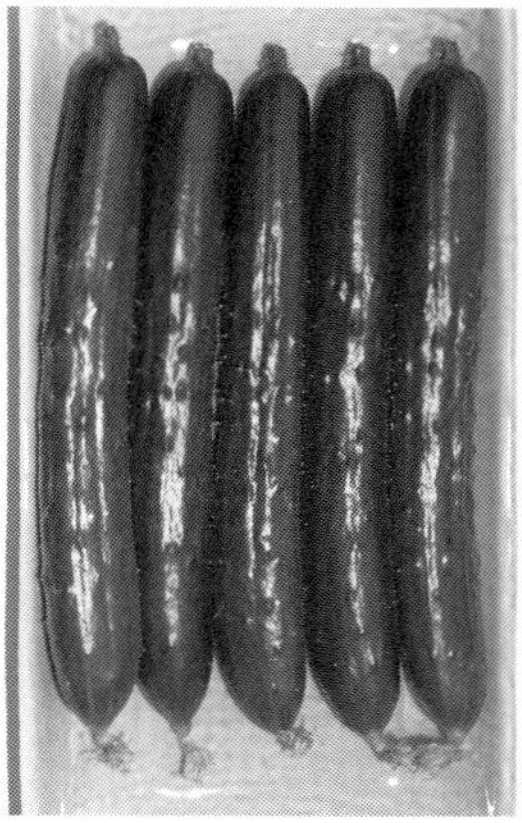
風神

ブルームの白い粉を吹いた姿の印象がよくなかったことと、スーパーで棚持ちをよくするために、皮の厚いブルームレスタイプが開発されました。見た目はピカピカ、つやがあって美しいのですが、皮が硬く昔のような食味がありません。

キュウリの多くは、ブルームレス台木を使った専門農家向けの品種で占められていますが、これらはあまり直売所向きではありません。見た目よりも食味に勝る品種をおすすめします。

数種類のキュウリを販売する中で、常に売り上げトップに輝いているのは、ブルームタイプの「風神」です。やわらかな食感とほのかな甘味があり、着果性がよく、しかも、うどんこ病に強いのです。

もう一つの人気品種は「フリーダ

表2－8　キュウリ

直売向き品種		特徴	播種期	収穫期	販売元
基本品種	風神	耐病性キュウリ。皮がとくにやわらかく、食味がよい	4/中	6/中～9/中	カネコ種苗
	よしなり	元祖おいしいキュウリ。皮のやわらかさ、味は群を抜く	4/中	6/中～9/中	サカタのタネ
	ＶＲ夏すずみ	うどんこ病・べと病に加えて、ウイルスにも耐病性をもっている。長期間にわたり収穫可能	4/中	6/中～9/中	タキイ種苗
人目を引く品種	フリーダム	イボなし系キュウリ。皮がやわらかく、ジューシー感がある	4/中	6/中～9/中	サカタのタネ
	シャキット	イボイボいっぱいの四葉キュウリ。病気に強くつくりやすい	4/中	6/中～9/中	タキイ種苗
	ミニＱ	良食味のミニキュウリ	4/中	6/中～9/中	トキタ種苗
	ホワイティ 25	色の白い珍しいキュウリ	4/中	6/中～9/中	大和農園

よしなり

フリーダム

ム」。イボなしキュウリとして有名ですが、じつは青臭みの少ないヨーロッパ種と、食味にすぐれた日本の品種を掛け合わせたもので、ほのかに甘く、香りのよいキュウリです。皮もやわらかいので、スティックサラダや浅漬けに向いています。

うどんこ病やべと病に強い品種ですが、側枝の発生がさかんなので、過繁茂にならないよう、早めに整枝や葉摘みをするのが栽培のコツです。

イボイボ、ミニ、白、極小サイズも

つるつるの品種があるかと思えば、イボイボいっぱいの四葉《スーヨー》タイプ「シャキット」。てのひらサイズの「ミニQ」。上から下まで真っ白な「ホワイティ25」、長さ2cmほどの「マイクロキュウリ」などもあります。食味と見た目で差別化できる品種を選びましょう。

シロウリ

白瓜／*oriental pickling melon*
ウリ科キュウリ属
原産地＝インド

来歴と特性

ウリ科の植物は、世界に600種類以上あり、おもに熱帯から温帯にかけ、広く部分しています。

シロウリもその一種。メロン、マクワウリと同種の植物ですが、成熟しても糖度は上がりません。

インド原産で、中国南部で栽培が進み、日本にはキュウリよりも先に渡来して栽培が始まった、歴史の長い作物です。おもに浅漬けや奈良漬けの材料に使われていますが、生食も可能。

実と皮がやわらかく、傷つきやすいので、スーパーや八百屋では、めったに見かけませんが、直売所では「なつかしい」と手にとってくださる方が意外に多く、夏の定番商品になっています。

店頭に並べても使い道のわからないお客さんも多いと思います。売り場に立てない場合は、ポップやチラシで説明するとよいでしょう。

肉厚で肉質が緻密なものを

品種選びのポイントは、漬けあがったときの歯ざわりを考えて、肉厚で肉質にしまりのあるものを選ぶこと。肉厚で果皮が淡緑色の「沼目白瓜」は、長野県須坂市沼目でつくられていた品種。「東みどり白瓜」は、肉質のよい定番種です。「若大将」は、一個500g前後の大型種で、食べごたえも十分です。

東みどり白瓜

表2－9　シロウリ

直売向き品種		特徴	播種期	収穫期	販売元
基本品種	沼目白瓜	30㎝前後の大きさで、外皮は淡緑色。肉厚で質がよい	3/中～4/中	6/下～8/下	タキイ種苗
	東みどり白瓜	F_1種で多収。肉質良	3/中～4/中	6/下～8/下	日本農林
	若大将	F_1種で500ｇくらい。超多収種。果肉はやわらかい	3/中～4/中	6/下～8/下	渡辺農事

プリンスメロン、マクワウリ

真桑瓜、甜瓜／*melon*
ウリ科キュウリ属
原産地＝アフリカ

来歴と特性

アフリカ原産のメロンは、東へ伝わった東洋系メロンと、西へ渡った西洋系メロンに大別され、西洋系の一部は網目のあるネットメロンに発展しました。

日本に最初に伝わったのは2000年以上前に中国や朝鮮半島から伝来した東洋系メロンで、『古事記』や『万葉集』にもその記述が見られます。

古くはウリといえば、マクワウリのことでした。美濃国真桑村（岐阜県本巣市）が産地として有名だったので、この名で呼ばれていました。昭和30年代まで、夏場の暑さをしのぐ果物として広く栽培されていましたが、後にプリンスメロンの登場により、生産量は急激に減っていきます。

プリンスメロンは、1962年、マクワウリと南欧のキャンタロープのF_1種として育成されました。マクワウリよりも果肉は淡い緑色で、甘味が強く、全国的に広まっていきました。

その後、さらに高級なアンデス、アールス、赤肉のクインシーなど、温室栽培のメロンと産地が続々と登場して、マクワウリも、プリンスメロンも、あまり見かけなくなりました。

それでも、昔ながらのマクワウリや比較的手頃な価格のプリンスメロンを直売所に並べると、「ああ、なつかしい」と手にとってくださる方が必ずいます。温室栽培のネットメロンのような大掛かりな施設がなくても、露地で栽培可能な品目でもあります。畑の一角で、ぜひ育ててみてください。

甘味の強いプリンス 大型マクワウリを

メロンの品種は多々ありますが、専門農家が栽培するネットメロンは除いて考えています。必然的に露地か雨よけハウスで栽培可能で、贈答用としてではなく家庭用として販売できるもの。必然的にプリンスメロンかマクワ

プリンスPF

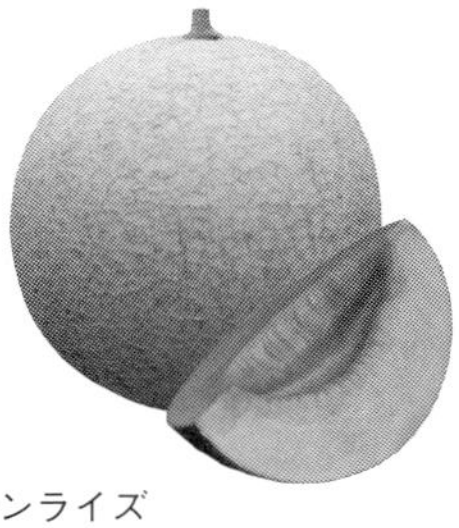

サンライズ

バナナ真桑瓜

表2－10　プリンスメロン、マクワウリ

直売向き品種		特徴	播種期	収穫期	販売元
基本品種	プリンスＰＦ	マクワとキャンタロープの交配種。昔なつかしい味。うどんこ病・蔓割病に強い	4/上	8/上〜	サカタのタネ
	北海甘あじうり	病気に強く、甘味の強いウリ。500～600g大になる	4/上	8/上〜	渡辺採種
	コロナ	黄金のマクワウリ。肉厚で日持ちがよく食味も最高	4/上	8/上〜	神田育種農場
人目を引く品種	かわい〜ナ	1果250～300gのミニメロン。果肉はサーモン色で糖度が高い	4/上	8/上〜	タキイ種苗
	サンライズ	露地で栽培可能なおいしいメロン	4/上	8/上	ナント種苗
	バナナ真桑瓜	さわやかな甘さ。デザートに最適なマクワウリ。放任でどんどん収穫可	4/上	7/下〜	松永種苗

ウリが、おすすめです。

甘味があり、香りのよいことが、品種選びのポイントです。「プリンスＰＦ」は、マクワウリとメロンの交配種。腰高で肌のきれいな果実で、うどんこ病や蔓割病に強い抵抗性品種でもあります。

北海道には「北海甘露」と呼ばれる甘味の強い縞模様のウリがあって、地元で親しまれていました。「北海甘あじうり」は、その改良種。一玉５００～６００ｇある大型のウリです。

手頃でかわいい ミニサイズも好評

「北海甘あじうり」の甘味は西洋系のメロンほど強くはありませんが、マクワウリのサクサクした食感やみずみずしい果肉が好きな方も多く、直売所の定番になりつつあります。

中でもテニスボールサイズのメロン「かわい〜ナ」、黄金色の果皮の「コロナ」や、細長くバナナのような「バナナ真桑瓜」などは、色も形もユニーク。手頃な価格で購入できるデザートとしておすすめです。

栽培のヒント

イネの育苗ハウスを活用しよう

ミニメロンやマクワウリの栽培には、イネの育苗用のハウスでの栽培がおすすめ。田植えが終わって空いたハウスに、苗を植えておけばよいのです。

できれば少し高畝にして、敷きワラを敷いて、灌水チューブを設置しておけば、水やりの手間も省けます。

あまり栽培に手はかからず、一株から10～20個の果実が収穫できます。

ゴーヤー（ニガウリ）

苦瓜／*balsam pear*
ウリ科ニガウリ属
原産地＝熱帯アジア

来歴と特性

夏の健康野菜ゴーヤーは、沖縄での呼び名。和名はツルレイシ、またはニガウリといいます。その名の通りとても苦味のあるウリで、サラダやチャンプルーなど炒め物の材料として人気。また、ビタミンCやミネラルの含有量が多い野菜でもあります。

ゴーヤーの苦味は、モモルデシンという成分で、血圧や血糖値を下げたり、食欲増進作用があるといわれています。夏バテ予防にも欠かせない食材です。

熱帯アジア原産の一年生の蔓性植物で、中国南部、東南アジア、台湾、沖縄などでは、昔からヘルシーな食材として用いられていました。

全国的に知られるようになったのは90年代のこと。沖縄料理ブームとともに栄養価の高さが知られるようになり、手軽に栽培できて、葉が涼しげな影をつくることから緑のカーテンの材料としても、すっかりおなじみです。

多様な色や形も楽しめる

また品種によって表面の凸凹や色、形が違うのも、ゴーヤーのおもしろさ。長さ30cm以上に達する「沖縄願寿ゴーヤー」や真っ白な「沖縄純白ゴーヤー」、1個30gと小さな実がたくさんついて、グリーンカーテンにも最適な「すずめゴーヤー」などもあります。

栽培のヒント

苦味の強弱でつくり分ける

今では夏野菜の一つとして定着したかに思えるゴーヤーですが、実際に栽培してみると、苦味の強いものと弱いものがあり、郡山市周辺では苦味のマイルドなゴーヤーのほうが好まれる傾向にあるようです。

苦味がマイルドで食べやすい品種としては「節成ゴーヤ300」や「ブランド」がおすすめです。

節成ゴーヤ300

表2－11　ゴーヤー（ニガウリ）

直売向き品種		特徴	播種期	収穫期	販売元
基本品種	節成ゴーヤ300	節成りにゴーヤーが着果するF_1種、約28㎝にそろう。豊産種	3/中～4/中	7/下～9/下	中原採種場
	ブランド	25～30㎝になる。苦みマイルドでスタンダード種	3/中～4/中	7/下～9/下	松永種苗
人目を引く品種	沖縄願寿ゴーヤー	超大型30～40㎝、500g以上のゴーヤー	3/中～4/中	7/下～9/下	フタバ種苗
	沖縄純白ゴーヤー	25～30㎝、400g以上のゴーヤー。白色で苦味が少ない	3/中～4/中	7/下～9/下	フタバ種苗
	すずめゴーヤー	約30gの小型の苦瓜。ピクルス、漬け物、てんぷら等に。緑のカーテンにも利用可	3/中～4/中	7/下～9/下	フタバ種苗

本州全域で栽培 キュウリと同じ感覚で

ゴーヤーは、高温で雨の多い地域であれば栽培できるので、温暖化の影響もあり、本州全域で栽培できます。

郡山では4月中旬頃に播種。その種はとても堅いので、一部に爪切りなどでキズをつけてからまくと、発芽がスムーズです。

霜害の心配がなくなる5月に定植。病気や害虫に強く、肥料もそれほど必要としないので、手軽に栽培できます。

キュウリと同じ感覚で、支柱とネットに蔓を巻きつかせていきます。葉に十分日が当たるように株間を広くして、脇芽を間引いてのびのび育てると、7月下旬から9月いっぱいまで収穫できます。

沖縄願寿ゴーヤー

ゴーヤーは緑のカーテン用の代表野菜

スイカ

西瓜／*watermelon*
ウリ科スイカ属
原産地＝アフリカ西南部

来歴と特性

スイカは、夏の代表的な果実の一つ。緑色の果皮に黒い縞模様、赤色の果肉、黒い種、ガブッとかじりつくと滴る甘い果汁……昔から、日本の夏休みの風景に欠かせない存在です。

アフリカ西南部に野生種があり、北部で栽培化されました。日本には西方の中国からもたらされたので、西瓜の文字が充てられています。

日本には、中国から16世紀に渡来して、西南暖地を中心に広く栽培されていました。明治期に入り、外来の品種が多く導入され、アメリカの品種が在来種を圧倒します。その馴化《じゅんか》系と在来種との雑種が普及しました。これを整理するために大正から昭和にかけ、育種事業が行われました。現在日本で栽培されている品種は、その流れをくんでいます。

栄養的には大部分が水分ですが、カリウムやアミノ酸のシトルリンを含んでいて、利尿作用が高いことでも知られています。

根強い人気の大玉スイカ

スイカといえば、かつては5kgを超える大玉が主流でした。しかし、単身者や少人数の家族が増えたこと、産地では高齢化が進んで、重量のあるスイカの栽培から撤退する農家が多いことなどから、近年は、小玉スイカが増えています。

祭りばやし

スイカの魅力はなんといっても、口に入れたときのシャリシャリした食感。甘味が強く、食感のよいものを優先的に選んでいます。

「祭ばやし777」は、大玉スイカの定番。日本で一番多くつくられているスイカといわれています。

それに対して大玉の注目株は「紅まくら」。枕型と呼ばれる楕円形のスイカで、一玉7～8kg。糖度が高いことでも知られています。

また、「ひとりじめHM」や「愛娘《まなむすめ》」は、食味のよい小玉スイカ。少人数の家族でも、これなら丸ごと味わう充足感が得られます。

黄色い果肉、真っ黒な果皮 変わり種も続々登場

表2－12　スイカ

直売向き品種			特徴	播種期	収穫期	販売元
基本品種	祭ばやし777		大王スイカのスタンダード	4/上～4/中	7/下～	萩原農場
	紅まくら		注目の大王枕型のスイカ。糖度も高い。おすすめ品種	4/上～4/中	7/下～	タキイ種苗
	小玉	ひとりじめHM	トンネル・露地向きの小玉スイカ。糖度も高い人気種	4/上～4/中	7/下～	萩原農場
		愛娘	2.5～3kgの小玉スイカ。糖度も高く、食味良	4/上～4/中	7/下～	ナント種苗
人目を引く品種	サマークリーム		イエローオレンジ（果肉）の大玉スイカ。糖度が高くてきれいな果肉色	4/上～4/中	7/下～	ナント種苗
	サマーオレンジベビー		オレンジ色の果肉をした小玉スイカ。甘味・シャリ感あり	4/上～4/中	7/下～	ナント種苗
	タヒチ		黒皮スイカ。赤肉種。病気に強く、インパクト大きい	4/上～4/中	7/下	サカタのタネ

サマーオレンジベビー

ひとりじめHM

スイカは、緑の果皮に縞模様、赤い果肉……だけではありません。楕円形や四角いもの。果肉は黄色やオレンジ色などバリエーションも豊富です。

カットすると、明るいイエローの果肉が現れる「サマークリーム」、果肉がオレンジ色で、糖度が12度にもなる「サマーオレンジベビー」や、果皮が真っ黒な大玉「タヒチ」など、変わり種のスイカを棚に並べて、「うわ、こんなスイカがあったのか！」と、お客さんをびっくりさせながら販売するのも、直売所での醍醐味です。

タヒチ

大玉カボチャ

南瓜／*pumpkin,squash*
ウリ科カボチャ属
原産地＝アメリカ大陸

来歴と特性

カボチャの原産地はアメリカ大陸。今から約7000年前の種子が、メキシコの洞窟から発見されています。日本に伝わったのは16世紀。ポルトガル船によって、カンボジア産のものが持ち込まれ、カンボジアが訛《なま》ってカボチャと呼ばれるようになりました。

今、日本で栽培されているカボチャは、大きく3種類に分類されます。先に日本に入ってきた日本カボチャ、明治期以降に入ってきた西洋カボチャ、そして色や形がユニークなペポカボチャ。「そうめんカボチャ」と呼ばれる金糸かぼちゃやズッキーニは、その三番目に当たります。

日本カボチャは、果形が平たく、縦に溝があり、凹凸しているのが特徴。味は淡白で粘りがあり、煮崩れしにくいので、煮物や蒸し物に向いています。鹿ケ谷《ししがたに》、黒皮ちりめん、会津かぼちゃなどがこれに属しています。

西洋カボチャは、表面に溝がなくなめらか。糖質が高く、ホクホクした食感があるので、栗カボチャとも呼ばれています。「えびす」など、現在日本で栽培されているカボチャの大半は、このタイプです。

ダークホース

江戸時代から冬至の日にカボチャを食べると風邪を引かないといわれてきました。たしかにカロリーが高く、カロテンを多量に含んでいるので、野菜の少ない冬場の栄養補給にはもってこいの作物です。

黒皮、赤皮、白皮で異なる貯蔵期間

西洋カボチャには、黒皮種、赤皮種、白皮種があり、それぞれでんぷん質が糖質に変わる早さが違います。黒皮種は収穫から1カ月、赤皮種は2カ月、白皮種は3カ月以内に食べるようにしてください。

「ダークホース」「こふき」は、黒皮カボチャの代表格。ホクホクとした栗カボチャ特有の食感が魅力ですが、貯蔵期間が短いため、うちでは夏と秋の二度、収穫できるよう栽培しています。

さらに「こふき」をグレードアップ

表2－13　大玉カボチャ

直売向き品種		特徴	播種期	収穫期	販売元
基本品種	ダークホース	粉質が高い。食味抜群。草勢が強く、うどんこ病にも強い。黒皮カボチャの代表格	3/下～4/下	7/中～8/中	渡辺採種場
			7/上～7/中	10/上～10/下	
	恋するマロン	ホクホク感いっぱいのおいしい早生カボチャ。ダークホース同様に夏、秋どりの作型に	3/下～4/下	7/中～8/中	カネコ種苗
			7/上～7/中	10/上～10/下	
	こふき	デンプン含量が多く、粉質、糖度が高い	3/下～4/下	7/中～8/中	ナント種苗
人目を引く品種	ごっちゃん長南瓜	首が細身で胴張りする紡錘型の大長カボチャ。 外皮が薄く、女性でも切りやすい	3/下～4/下	7/中～8/中	松永種苗
	白い九重栗	白皮カボチャ。他品種と比べても貯蔵性が高い。 粉質感・収量性もきわめて高い	3/下～4/下	7/中～8/中	カネコ種苗
	紅爵	皮ごとの加工に向く。赤色が強く、粉質。 2～3カ月間保存可	3/下～4/下	7/中～8/中	渡辺採種場
	ストライプペポ	果肉ではなく、グリーンの種子を食べるカボチャ。子どものスナック菓子などへの加工向き	3/下～4/下	7/中～8/中	渡辺採種場
	ロロン	ラグビーボール型のカボチャ。上品な甘さと滑らかな舌ざわりがよい。菓子などにもＯＫ	3/下～4/下	7/中～8/中	タキイ種苗

注)「特濃こふき」がプレミアムこふきとして誕生。注目品種

させてプレミアムこふきとして誕生した「特濃こふき5・6」は、期待の注目株です。

白皮の代表は「白い九重栗」。先端が尖った独特の果形で、貯蔵性が高く、時間をかけてじっくり甘味を増していきます。

赤皮なら「紅爵《こうしゃく》」。皮ごと食べられて、2～3カ月貯蔵可能です。

栽培はもちろん、品種ごとに貯蔵も

特濃こふき

ごっちゃん長南瓜

恋するマロン

白い九重栗

紅爵

しっかりおこなって、お客さんに食べ頃のカボチャを届けましょう。

果肉ではなく種を食べる品種も!?

「ごっちゃん長南瓜」は、岐阜県高山市特産の宿儺《すくな》かぼちゃに形が似ています。食感はホクホクしていますが、外皮が薄く、直径が小さいので女性にも切りやすいと評判です。

「ロロン」はユニークなラグビーボール型。「ストライプペポ」は、果肉ではなくグリーンの種子を食べる品種。スナック感覚で食べられるので、子どものおやつや酒の供にもぴったりです。

栽培のヒント

着果数を絞って食味を上げよう

カボチャは品種が多く、それぞれに魅力的なのですが、粉質でホクホクしていて、甘味の強い品種が好まれます。つくり方も重要で、私の場合、着果数を一株3個までに限っています。

また、低温期に定植して、高温期に収穫するのも、おいしいカボチャをつくるコツ。春早くに播種して、定植後トンネルをかけて仕立てれば、6月下旬から出荷が可能。また、7月に種まきをして、10月下旬に収穫する分は、じっくり熟成させて冬至に合わせて販売します。

ミニカボチャ

南瓜／*pumpkin,squash*
ウリ科カボチャ属
原産地＝アメリカ大陸

来歴と特性

カボチャは栄養価が高く、最近は料理だけでなくお菓子の材料としても人気が高いのですが、家族の人数が減っていて、「大きくて使い切れない」という声が増えているのもたしかです。

カットした半身のカボチャを買うよりも、できれば丸ごと使いたい。直売所ではそんな方たちも無理なく使い切れる、ミニカボチャの需要が伸びています。

食べきりサイズが人気 器としても使える

「坊ちゃん」は、果重約500gのミニサイズ。一般的な栗カボチャをそのまま小さくした姿形をしています。レンジで5～8分加熱すれば、そのまま食べることができ、中身をくり抜けば、小さな器として活用できます。この「坊ちゃん」シリーズには、赤皮や白皮バージョンもあるので、カラフルに3色並べて販売してもよいでしょう。

最近定番になってきたのは、ひょうたん型の「バターナッツ」。果肉は粘質で、煮物や天ぷらよりもスープに向いています。生で食べられる「コリンキー」、煮物に最適な「和心《わごころ》カボチャ」など、たんに小さいだけでなく、食感や味の違いを楽しむこともできるのです。

ハロウィンに向けて作付けを考えよう

かつてカボチャが一番売れる日といえば冬至と決まっていましたが、最近は10月末のハロウィンも、野菜農家としては外せない行事になってきました。ケーキやプリン、パンプキンパイの材料としてはもちろん、食用以外にも果重100kgを超える「アトランティックジャイアント」などイベント用のニーズもあります。これをつくるには、畑に余裕がないと難しいですが、この時期ハロウィンパーティーを盛り

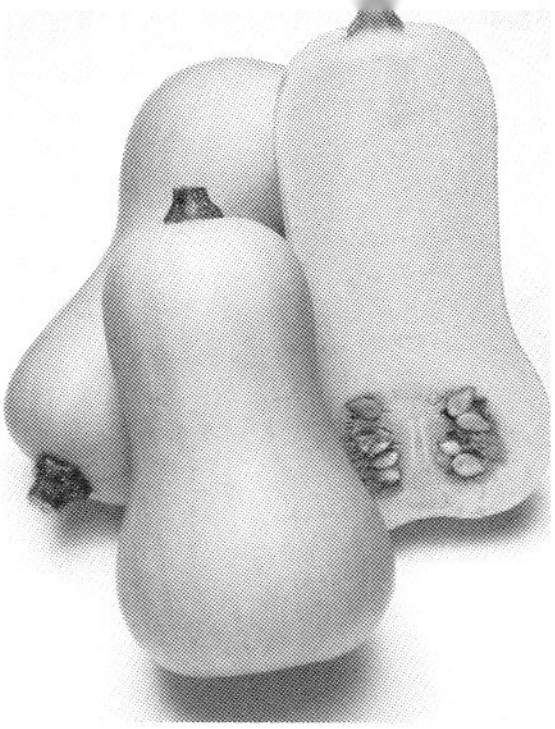
バターナッツ

和心カボチャ

パンプキッズ

表2－14　ミニカボチャ

直売向き品種		特徴	播種期	収穫期	販売元
基本品種	坊ちゃん	ミニカボチャのスタンダード。粉質で多収	3/下～4/下	7/下～8/下	みかど協和
	パンプキッズ	節間が短く、驚くほど多収。食味も極良	3/下～4/下	7/下～8/下	カネコ種苗
	栗坊	強粉質で甘味が強い。500～600g	3/下～4/下	7/下～8/下	サカタのタネ
人目を引く品種	すずなりカボちゃん	700gくらいになる多収種。若どりでサラダカボチャとしても使える	4/上～4/下	7/下～8/中 サラダ用 6/中～7/中	ナント種苗
	白い坊ちゃん	白色皮のミニカボチャ。保存性が高く粉質。多収種	4/上～4/下	7/下～8/中	みかど協和
	赤い坊ちゃん	赤色皮のミニカボチャ。粉質で多収種	4/下～4/下	7/下～8/中	みかど協和
	和心カボチャ	日本カボチャ。煮物として使える	4/中～4/下	7/下～8/下	アサヒ農園
	バターナッツ	ひょうたん型の西洋カボチャ。果肉は粘質でスープ向き	4/中～4/下	7/下～8/下	タキイ種苗
	コリンキー	レモンイエローの未熟果を収穫。サラダ、漬け物用	4/中～4/下	6/下～7/中	サカタのタネ
	アトランティック・ジャイアント	果重100kgを超えることもある大型種。イベント用	4/上～4/下	8/下～9/中	タキイ種苗
	ハロウィン	ハロウィン用の飾りカボチャ。イベント用	4/上～4/下	8/下～9/中	福種

上げるには、ジャック・オー・ランタン用の、果皮がオレンジ色のカボチャがよく売れます。

一株からたくさんとれて収益性も高い

一果に栄養を集中させる大玉カボチャと違い、一株当たりの着果数も多く、最終的に収益性が高いのも魅力。10月末のハロウィンと、12月の冬至には、逃さずカボチャを売りましょう！

すずなりカボちゃん

ズッキーニ

南瓜／*zucchini*
ウリ科カボチャ属
原産地＝アメリカ大陸

来歴と特性

ズッキーニは、見た目はキュウリによく似ていますが、じつはペポカボチャの一種です。原産地は北アメリカの南部。16世紀頃にヨーロッパに渡り、19世紀後半にイタリアの農家が、もともと丸い形だったものを、細長く改良。イタリア語でカボチャを表すズッカにちなみ、ズッキーニと呼ばれるようになりました。

日本でいち早く本格的に栽培を始めたのは、長野県木島平村。1968年頃からキュウリの台木として育てられたのですが、大きくならず失敗。でも、ヨーロッパでは実を食べていると知って、そのまま育てることになったそうです。

80年代以降のイタリア料理などのブームに乗って、日本でも野菜数種の煮込み料理ラタトゥイユなどに欠かせない食材としてニーズが高まり、今では全国各地で栽培されるようになりました。

現在、果色が緑色のものが栽培の主力ですが黄色の品種も出回り、果実の大きさ、形状も多彩になっています。

ゼルダ・ネロ

ゼルダ・ジャッロ

UFOの形や花ズッキーニも

一般的にズッキーニは、開花後4～5日後の未熟果を収穫します。長さ18～20㎝で、表面に光沢があり、太さが均一で、ずっしりと重みのあるものが良品です。「グリーンボード2号」「ゼルダ・ネロ」「ゼルダ・ジャッロ」などがおすすめです。

そのほか、丸く黄色い「ゴールディー」、UFOのような形をした「UFOズッキーニ」などが人目を引く品種です。

花ズッキーニの花は、黄色い花に詰め物ができるので、料理人からもニーズが高いのです。

花ズッキーニの「ステラ」は、花が大きく、実をカットすると星のような

表2－15　ズッキーニ

直売向き品種		特徴	播種期	収穫期	販売元
基本品種	グリーンボード2号 イエローボード	ウイルス等の病気に強いズッキーニ	4/上～4/下	6/中～8/中	カネコ種苗
	ゼルダ・ネロ ゼルダ・ジャッロ	光沢あり。生育が早い。 ウイルス等の病気に強い	4/上～4/下	6/中～8/中	トキタ種苗
人目を引く品種	ゴールディー	丸型ズッキーニ	4/上～4/下	6/中～8/中	神田育種農場
	ステラ	花が大きく花ズッキーニ種として注目。円筒形で断層が星型でおもしろい	4/上～4/下	6/中～8/中	トキタ種苗
	UFOズッキーニ	UFO型をしたズッキーニ	4/上～4/下	6/中～8/中	藤田種子

断面になるユニークな品種。夏の売り場をいっそう華やかにしてくれます。

ステラ

ゴールディー

栽培のヒント

緑と黄色い品種を混植して、受粉を促進

栽培は、連作障害も少なく、家庭菜園でも簡単につくれます。ただし、株が大きく上に伸びるので、株間は70～80cmと広めにとることが必要です。

カボチャの仲間ですが、蔓が伸びるのではなく、株元からニョキニョキと放射状に果実がついていきます。

ズッキーニは雌雄異花のため、しっかり受粉をさせないと、実がつかないことがあります。緑のズッキーニだけでは雌花が多くなるので、雄花の多い黄色種を混植すると、受粉がうまくいきます。

また、アブラムシによるウイルス病やうどんこ病にも注意が必要です。

実をたくさんつけたままにすると、株に負担がかかるので、若い果実を適宜収穫し、定期的に追肥をすれば、長期間収穫できます。

スイートコーン

玉蜀黍／*maize,corn*
イネ科トウモロコシ属
原産地＝中南米

来歴と特性

トウモロコシの原産地は中南米で、紀元前５０００年頃、野生の近縁種を元に栽培化されたといわれています。日本に伝わったのは16世紀。南蛮船に乗ったポルトガル人によってもたらされ、九州や四国の山間部、富士山麓などで栽培されるようになりました。

飼料用やコーンスターチ用のデント種、ポップコーン用のポップ種、メキシコ料理のトルティーヤの原料になるフリント種、もちきびとも呼ばれるワキシー種など、多様な品種が存在していますが、青果用のトウモロコシとして栽培されているのは、甘味の強いスイートコーン。定番品種と差別化品種をバランスよくつくれば、夏の目玉商品になります。

高糖度品種「味来」の衝撃

私自身、30年以上栽培してきましたが、「味来」という品種に出会ったときは、ものすごい衝撃を受けました。人づてに「高糖度で生でも食べられる」と聞いて、種子を注文。半信半疑でつくってみました。

収穫時期になり、畑に行ってみるとカラスがいたずらして皮をむいたところにカブトムシがいて、木の樹液の代わりに「味来」の樹液を吸っていたのです。それを見て、私も生の「味来」をかじってみました。すると口いっぱいに甘さが広がっていきました。それ以来、この品種の虜《とりこ》に。「味来」は、スイートコーンを超えた、スーパースイートコーンなのです。

直売所で販売すると、たちまち評判になり、わざわざ遠方から買いに来る方も現れるなど、その年一番のヒット商品になりました。

大きさ1・5倍！糖度も高い「おおもの」

次に現れたヒット商品は「おおもの」。その名の通り1本５００gと、普通のトウモロコシの1・3〜1・5倍の大きさで、糖度も通常17度を超えれば「甘い」といわれる中、コンスタントに20度を超える名実ともに「おおもの」なのです。

粒もやわらかく、ジューシーで食べごたえ十分。色もあざやかなイエローで、見た目もほれぼれするほどすばらしい品種です。

わが家は種苗店も営んでいますが、「味来３９０」や「ゴールドラッシュ」といったメジャー品種が売れているとはいえ、一番種子が売れているのがこ

おおものを収穫

収穫したばかりのおおもの

ゴールドラッシュ88

おおもの

の「おおもの」。一度つくった農家の方々は、翌年も必ずつくりたくなる。そんなリピート率が高く、直売所や朝市でもよく売れている品種です。

「おおもの」は、中晩生品種なので、9月から収穫する抑制栽培にも適しています。唯一の欠点は、樹が大きく高くなること。通常のトウモロコシは1・7mぐらいですが、これは2mぐらいまで伸びるので、台風など強い風が吹くと倒れやすいのです。

それから肥料をたくさん必要とするので、栽培初期から窒素を多めに与えて、穂が出る直前に追肥をしっかり与えるようにしてください。

甘いトウモロコシは、虫も鳥も大好きです。アワノメイガの幼虫が入り込むと商品になりません。カラスやハクビシン対策も忘れずにおこなってください。

表2－16　スイートコーン

直売向き品種		特徴	播種期	収穫期	販売元
基本品種	ゴールドラッシュ88	つくりやすさ、甘さが売りのスタンダードイエロー種。根強い人気	4/上～6/下	7/上～9/下	サカタのタネ
	おおもの	糖度をのせるには最良種。20度超えも可能。大きさも500gＵＰ	4/上～6/下	7/上～10/上	ナント種苗
	味来390	皮のやわらかさ・甘さはスーパースイートの元祖。定番の品種	4/上～6/下	7/上～9/下	パイオニア
人目を引く品種	ホワイトレディ	白いおおものといわれている。甘さは極良で450g前後の大きさはボリュームもある	4/上～6/下	7/上～9/下	ナント種苗
	ドルチェヘブン	85日タイプのバイカラー品種。味来より大きいタイプで、皮がやわらかく甘味も強い	4/上～7/上	7/上～9/下	パイオニア
	ドルチェドォーロ	イエロー種。やや小ぶりだが粒色の照りは強く、粒色の差別化可能	4/上～7/上	7/上～9/上	パイオニア
	ホワイトショコラ	ホワイト種で、さわやかな甘さが特徴	4/上～7/上	7/上～9/上	みかど協和
	ピクニックコーン	味来をしのぐ甘さがある。調理後、冷やして食べるとよりおいしくなる	4/上～7/上	7/上～9/上	パイオニア
	黒もちとうもろこし	甘さはないが、粒色の黒色と、なんともいえないもっちり感がよい品種	4/上～6/中	7/下から10/上	松永種苗

バイカラーやホワイトも登場　もちきびも栽培

トウモロコシといえば、明るいイエローが定番ですが、最近は白と黄色が混在するバイカラーの「ドルチェヘブン」、実が黄色で粒色の照りが強い「ドルチェドォーロ」、実が真っ白な「ホワイトレディ」や「ホワイトショコラ」なども登場しています。

長さ15cmほどのミニ品種「ピクニッ

ドルチェヘブン

クコーン」は、電子レンジでの調理も可能。追肥のタイミングがよければ、二番穂も収穫できます。

ホワイトレディの皮をむく

ドルチェドォーロ

こうした品種は皮をつけたままでは中身の色がわかりません、全部むいてしまっては乾燥しますし、味気なくなってしまいます。そこで一部だけむいて中身を見せて、ヒゲを袋の外に出してビニール袋に入れています。そんな窓開けのような姿が、消費者の購買意欲をそそるのです。

また、昔ながらの「黒もちとうもろこし」は、甘味は少ないですが、「西洋種にはないもちもちとした食感が、なつかしい」と、根強いファンの多い品種でもあります。

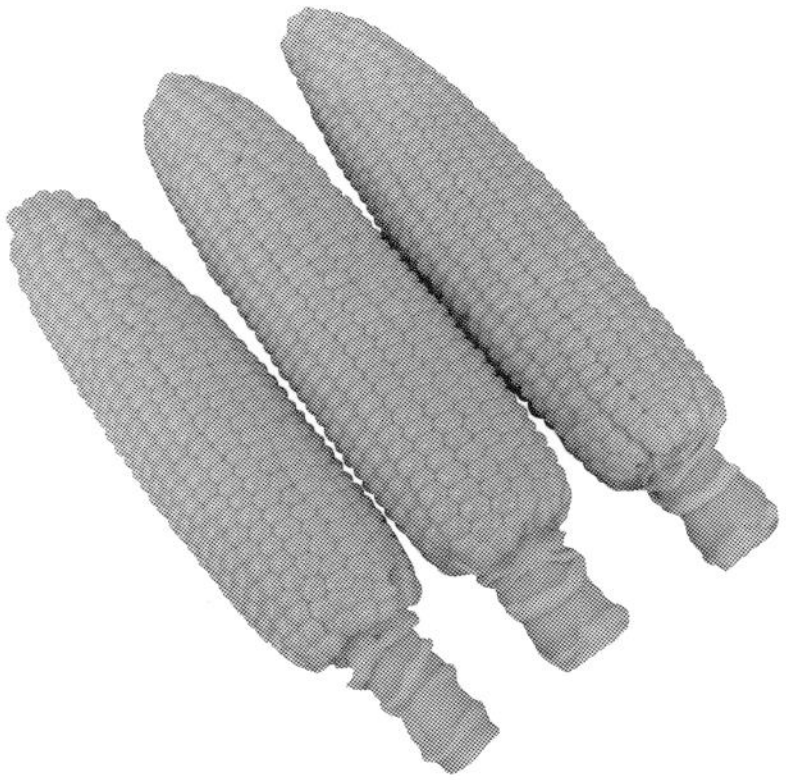

ホワイトレディ

栽培のヒント

収穫後の葉茎は緑肥として活用

トウモロコシは鮮度が命。収穫後3時間以内、できれば朝日が昇る前に朝どりしたものが格別においしいのです。

早出しではハウスでの温床育苗やトンネル、遅出しでは梅雨の時期の播種や台風シーズンの収穫など、難しい面もありますが、そこをクリアすると高単価で販売できるので有利です。

また、私が夏の畑にスイートコーンをたくさん植えるのは、売れ筋だから。そして葉と茎をそのまま鋤き込めば、窒素分を補う緑肥として活用できるから。畑の有機質の循環を考えても、夏のスイートコーンは欠かせない作物なのです。

オクラ

秋葵／*okra,gumbo*
アオイ科トロロアオイ属
原産地＝エチオピア

来歴と特性

夏から秋にかけておいしいオクラ。郡山では7～10月がシーズンです。

原産地はアフリカ北東部のエチオピア。エジプトでは紀元前200年頃から栽培されていました。熱帯では多年性植物ですが、日本では、冬越しできないので一年草になっています。

日本には明治初期に渡来しました。それまでネリと呼んでいた、トロロアオイの近縁種であることから、アメリカネリと呼ばれ、沖縄や鹿児島で少量栽培されるようになりました。

全国的に出回るようになったのは、昭和50年代から。身を刻むと中から出てくるネバネバ成分は、ペクチン、アラピン、ガラクタンという食物繊維。整腸作用を促し、便秘を防ぐ効果もあります。また、β《ベータ》カロテンやカリウム、カルシウムも豊富。体調を整えて夏バテを防いでくれる、健康野菜でもあります。

五角オクラ

ガリバー

タイプによってつくり分ける

オクラには、10㎝前後で収穫する一般的な五角オクラ、20㎝になる島オクラ、赤紫の赤オクラ、白色の白オクラ、海外種で12角形のスターオブデイビッド、花を食す花オクラなどがあります。

五角オクラの定番品種は、「ガリバー」。節間が短く背が低いので、多収が見込めます。島オクラタイプで断面が丸い「エメラルド」は、大きくなってもやわらかいので、つくりやすく、販売しやすい品種です。

表２－17　オクラ

	直売向き品種	特徴	播種期	収穫期	販売元
基本品種	ガリバー	短節間の多収種。色もよい	4/下〜	7/下〜 10/上	カネコ種苗
	平城グリーン	極早生で低節くらいから実る。15㎝くらいまで出荷可能	4/下〜	7/下〜 10/上	ナント種苗
人目を引く品種	エメラルド	丸オクラ。大きめになってもやわらかい	4/下〜	7/下〜 10/上	タキイ種苗
	ベニー	赤色オクラ。密植して早めに収穫することが大切	4/下〜	7/下〜 10/上	タキイ種苗
	楊貴妃	白いオクラ。他の色とのセット販売	4/下〜	7/下〜 10/上	小林種苗

栽培のヒント

温かくなってから種子を直まきする

エメラルド

収穫間近のエメラルド

品質のよいオクラを育てるには、気温が十分高くなってから直《じか》まきするのがおすすめです。郡山では5月の中旬。熱帯原産の作物なので、寒い時期の育苗には適していません。また、オクラは直根性の作物なので、移植すると大事な根を傷めてしまいます。ひと晩漬けおきした種を、一穴に3〜4粒まいてください。初期の生育を旺盛にすることが、栽培のポイントです。

そして芽が出て大きくなったら、そのうち3本を残して育てます。名付けて「直まき3本立て」。オクラは一株に1本育てると、大きくなりすぎて、上のほうが収穫しにくくなり、大きく硬い実ができやすいのです。1本より3本立てのほうが、樹高が抑えられるので、作業効率もよく、やわらかい実をたくさん収穫できます。

ただし、株間を十分に空けること。通常50〜60cmのところ、うちでは70cm空けて栽培しています。

エンドウ

莢豌豆／*pea*
マメ科エンドウ属
原産地＝中央アジア、中近東

来歴と特性

エンドウは、中央アジア、中近東原産のマメ科の植物で、若い莢《さや》ごと食すサヤエンドウと、緑色の種子を食用とするグリーンピースがあります。

キヌサヤの食感とグリーンピースの甘味を同時に味わえるのがスナップエンドウ。アメリカで改良され、70年代後半に日本に入ってきました。βカロテン、ビタミンC、カルシウム、カリウム、食物繊維がバランスよく含まれた栄養価の高い食品でもあります。

スナックエンドウと呼ばれることもありますが、これは某種苗メーカーの品種名。農林水産省が定めた正式名称はスナップエンドウで、英語名はスナップビーン。スナップには「ポキンと折れる」という意味があるのです。

食べやすく、子どもからお年寄りまで幅広い世代の人に愛される野菜の一つ。春先の直売所では、外せない売れ筋商品になっています。

ゆうさや

ゆうさやの種袋

大莢と小莢をつくり分けよう

サヤエンドウは、その大きさによって大莢と小莢に分けられます。大莢は料理のつけ合わせ。小莢は茶碗蒸しや椀物というように、大きさによって料理も異なります。

大莢は、「ゆうさや」、小莢は、「あずみ野30日絹莢ＰＭＲ」がつくりやすくておすすめです。

愛知県在来の砂糖豌豆と呼ばれている「白星」は、サヤエンドウとスナップエンドウの中間的な性質をもち、とびきり甘く、スナップエンドウをしのぐほどです。

大きくなっても美味なので、収穫を多少遅らせても大丈夫。つくりやすい品種です。莢の形が安定しないことが、唯一の欠点ですが、そこは発想を変え

表2－18　エンドウ

	直売向き品種	特徴	播種期	収穫期	販売元
基本品種	あずみ野30日絹莢PMR	白花種。小莢で甘味あり。うどんこ病に強い	10/下	5/下～6/中	サカタのタネ
	ゆうさや	赤花種。莢は濃緑の大莢で、食味良	10/下	5/下～6/中	トキタ種苗
	改良姫みどり	早生多収型（赤花種）。寒さに強く、つくりやすい	10/下	5/上～6/中	トーホク
人目を引く品種	白星	甘味がとくに強い。キヌサヤとスナップの中間タイプ	10/下	5/下～6/中	松永種苗
	スジナイン	スジのないキヌサヤ。生食もできる甘味のあるタイプ	10/下	5/下～6/中	トキタ種苗

白星

あずみ野30日絹莢PMR

て曲がったものだけを集めて販売したところ、これが好評でたくさん売れました。市場の基準とは関係なく、意外なものが売れていくのも、直売所のおもしろさです。

栽培のヒント

秋まいて、春に収穫　寒さに強いものを

秋に播種して春収穫するので、寒さに強い品種を選びましょう。郡山では、10月中～下旬に播種すれば、翌年5～6月に収穫できます。ただし、まれに零下5℃以下の日が、何日も続くような年は、冬越しできないこともあります。そんな年は、3月に種子をまいて7月に収穫するようにします。

家庭菜園でも手軽につくれる作物ですが、マメ科なので連作に弱く、一度栽培したら、5～6年は間を置くことが必要です。また、酸性土壌では生育が著しく悪くなるので、石灰質肥料などでpHを上げることが重要です。

インゲン

莢隠元／*garden bean,snap bean*
マメ科インゲン属
原産地＝中央アメリカ

来歴と特性

サヤインゲンの原産地は、中央アメリカからメキシコ南部にかけて。すでに紀元前5000年頃に栽培されていた種子が、メキシコで発見されています。

16世紀頃にヨーロッパに持ち込まれ、そこから世界中に広まり、栽培されるようになりました。

日本にたどり着いたのは、江戸時代前期。中国の隠元禅師が持ち込んだことからインゲン豆と呼ばれるようになりました。当時はおもに完熟した豆を食用に用いていましたが、明治時代初期、北海道開拓のために、欧米から品種が導入されて、未成熟の若莢を食べるようになったものをサヤインゲンと呼ぶようになりました。

サヤインゲンは食物繊維が多く、カロテンやビタミンCなどが豊富に含まれています。

市場出荷のインゲンは、曲がりが少なく棚持ちのよい品種が選ばれていますが、それらは見栄えはいいのですが、実は硬かったりします。直売所で販売するなら、やわらかく甘味の強い品種を選びましょう。

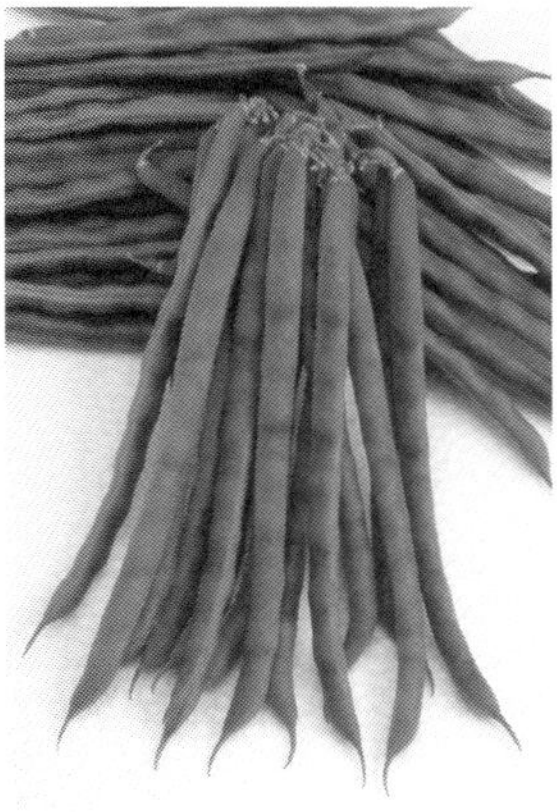

鴨川グリーン

長期戦には蔓あり 短期決戦には蔓なしを

サヤインゲンには丈が3～5mに伸びる蔓ありタイプと、10㎝～1mで生長が止まる蔓なしタイプがあります。また、莢の形状から丸莢タイプのどじょうインゲンと、平莢タイプのもちインゲンに分けられ、最近はスジのない品種が中心となっています。

蔓ありは長期どりが可能。濃緑色で多収の「鴨川グリーン」などが、その代表格ですが、郡山では5月から10月いっぱいまで収穫できます。

「ベストクロップキセラ」や「サクサク王子ネオ」などの蔓なしインゲンは、短期決戦勝負に向いています。畑やハウスの空き具合、労働配分などを考慮

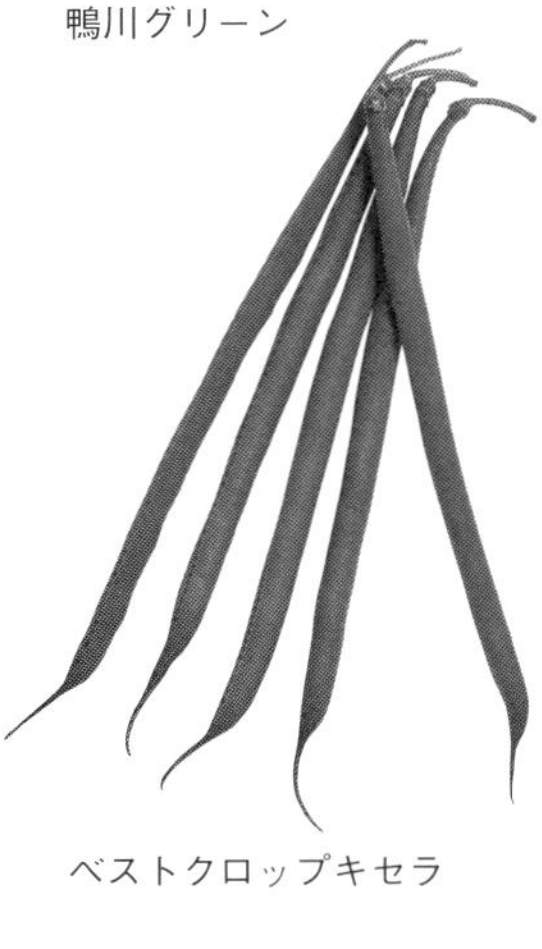

ベストクロップキセラ

収穫期の丸莢インゲン

サクサク王子ネオ

大平莢タイプのビックリジャンボ

して、品種を選びましょう。

やわらかな食感が持ち味のモロッコタイプ

モロッコタイプのインゲンは、大平莢インゲンの一種で、タキイ種苗が「モロッコ」として登録している商標名。大きな莢が特徴です。

郡山にはもともともちささげと呼ばれる平莢タイプのインゲンがありました。丸莢に比べてやわらかく、市場ではあまり見かけませんが、直売所では人気が高く、とくにお年寄りの多い地域でよく売れます。このもちささげにもっとも近いのが、「マンズナル」。うちの店の定番です。

マンズナル絵袋

大平莢インゲンの中では、「モロッコ」より長い「ビックリジャンボ」（みかど協和）などもあります。

莢が四角いシカクマメや莢が黄色い黄莢いんげんは、洋食や中華の料理人にも人気の高い品種です。

栽培のヒント

彼岸とお盆、5月・10月が高値に

表２－19　インゲン

直売向き品種		特徴	播種期	収穫期	販売元
基本品種	ベストクロップキセラ	丸莢インゲンの代表種。高品質インゲン	3/下～8/上	6/上～10/下	雪印種苗
	サクサク王子ネオ	サクサク感とやわらかさが特徴	3/下～8/上	6/上～10/下	サカタのタネ
	蔓なしさつきみどり2号	肉厚でやわらかい品種	3/下～8/上	6/上～10/下	タキイ種苗
	蔓なし恋みどり	濃緑色で食味にすぐれている。風味良好	3/下～8/上	6/上～10/下	タキイ種苗

表２－20　蔓ありインゲン

直売向き品種		特徴	播種期	収穫期	販売元
基本品種	鴨川グリーン	蔓ありインゲンの代表種。多収で品質良好	3/下～8/上	6/中～10/下	みかど協和
	いちず	まっすぐに伸びる。秀品率が高い	3/下～8/上	6/中～10/下	カネコ種苗
	プロップキング	やわらかく甘味あり。長期収穫可	3/下～8/上	6/中～10/下	サカタ種苗

表２－21　蔓ありインゲン（モロッコタイプ）

直売向き品種		特徴	播種期	収穫期	販売元
基本品種	モロッコ	幅広タイプインゲンの代表種	3/下～8/上	6/中～10/下	タキイ種苗
	マンズナル	早生種で多収	3/下～8/上	6/中～10/下	佐藤政行種苗
	つるありジャンビーノ	やわらかタイプ。良品質種	3/下～8/上	6/中～10/下	サカタのタネ

ハウスの空いている人、とくに春先、イネの育苗用に使っていないハウスがある人には、蔓なしインゲンの早出しがおすすめです。

3月中に温床で育苗して定植すると、5月末から収穫できます。

露地のトンネル栽培でも6月下旬から出荷が可能になります。通常よりも1カ月早く出せるので、高値が期待できます。

また、出荷がグッと減る10月以降もねらい目。ハウスに8月上旬に播種すれば、露地物の出荷が減る10月頃に遅出しできます。

お盆、お彼岸、5月、10月は高値になる傾向があるので、この時期をねらって、蔓なしタイプをスポット的に作付けしてもよいでしょう。

品種選び、栽培時期によって、売れ方や値段が違うので、おもしろい作物です。

エダマメ（ダイズ）

枝豆／*soybean*
マメ科ダイズ属
原産地＝中国東北部〜シベリア

来歴と特性

夏になると誰もが食べたくなるエダマメは、未成熟なダイズを収穫したもの。中国や日本では昔からおなじみの食べ方で、すでに奈良、平安時代には、現在と同様の方法で食されていたといわれています。

江戸時代になると、路上に枝豆売りの姿があり、枝つきのままゆでたものを売り歩く姿が見られたことから、エダマメと呼ばれるようになりました。

元はダイズと同じ豆ですが、しょうゆやみそ、食用油や煮豆向けとは異なる、エダマメ専用の品種がたくさん存在しています。

名もない品種が直売所で大ブレイク

もともとおいしいエダマメといえば、中晩生の「だだ茶豆」「黒崎ちゃ豆」や、晩生の「丹波黒豆」が主流で、お盆過ぎに収穫するものが多かったのですが、私は前々からビールがうまくなる7月〜お盆頃に食べられる品種を、ずっと探していました。

そんなとき、ある種苗メーカーの人が試作番号だけで、まだ名前もなかった品種を紹介してくれました。

そのエダマメは、畑で栽培しているときから違っていました。収穫間際になるとその一角だけから、甘く、よい香りが漂ってくるのです。甘味も香りも抜群で、直売所に並べると、即完売。名指しで予約注文を受けるほどの大ヒット商品に。それが後の「湯あがり娘」になるのです。

デビュー当時から大人気。どこの直売所でもエダマメといったら「湯あがり娘」になりました。

湯あがり娘

陽恵

極早生から晩生まで時間差をつけてつくり続ける

酒のつまみとして嗜好性が高いエダマメは、甘味と香りの高い品種を選ぶのがポイント。もっとも需要の高い7

表2－22　エダマメ（ダイズ）

	直売向き品種	特徴	播種期	収穫期	販売元
基本品種	陽恵	早生種。茶豆風味で甘味あり	4/上～5/下	6/下～8/中	日東農産
	味風香	芳醇な香りが楽しめる。甘味、香り抜群	4/上～5/下	6/下～8/中	雪印種苗
	湯あがり娘	茶豆風味のハーフ豆代表種。中早生	4/上～5/下	6/下～8/中	カネコ種苗
	ゆかた娘	湯あがり娘の後の中生種	5/下～6/下	8/中～9/下	カネコ種苗
	晩酌茶豆	だだ茶豆系品種。中生種	5/下～6/下	8/下～10/上	武蔵野種苗園
	秘伝	晩生、大莢種。食べごたえあり	6/中～	9/下～10/下	佐藤政行種苗
	味自慢	秘伝と黒豆を交配。良食味エダマメ	5/下～6/中	9/中～10/上	佐藤政行種苗
	味ゆたか	早生の秘伝。秘伝より10日早出し可	5/下～6/下	9/中～10/中	佐藤政行種苗

ゆかた娘

味風香

茎からもいだ子実（湯あがり娘）

～8月にしっかり出荷できるよう作付けしてください。

生育に日長が大きく関わる作物なので、スイートコーンと違い、段まきだけで、収穫時期をずらすことはできません。長期出荷を実現するには、早生、中生、晩生品種の組み合わせがポイントになります（長期出荷のリレー栽培については、第3章139頁以降に例示しています）。

中でも4月上～中旬に播種する早生

品種は、苗づくりをして定植。マルチとトンネルが必要です。

6月下旬から8月にかけて収穫できる「陽恵」「味風香《あじふうか》」「湯あがり娘」は、直売所でも大人気。ビールのうまい時期によく売れます。

「ゆかた娘」は「湯あがり娘」の後に収穫が始まる中生種。そして「晩酌茶豆」や「秘伝」といった晩生種は、じっくり時間をかけて大きくなるので、味わいも食べごたえも十分です。

また、エダマメの根には、空中の窒素を固定する根粒菌がついています。5カ月近くエダマメをつくり続けることは、翌シーズンの土づくりにも通じるのです。

ソラマメ

空豆、蚕豆／*broad bean*
マメ科ダイズ属
原産地＝中近東

来歴と特性

ソラマメは、世界でもっとも古くから栽培されていた豆で、紀元前5000年頃から利用されていました。原産地には諸説ありますが、おおむね中近東だと考えられています。

エジプトではソラマメのコロッケのようなターメイヤ、中国では四川料理に欠かせない豆板醤《トウバンジャン》に、乾燥ソラマメが使われています。

日本で記録が残っているのは、8世紀の天平時代。当初は粒の小さな品種でしたが、後に大粒種が渡来して、大阪や兵庫など、関西圏を中心に広まっていきました。

郡山ではあまり栽培されていなかったのですが、スーパーの売り場に普通に並ぶようになったので、地場産のソラマメを求めるお客さんが増えています。

品種よりも鮮度が命 生食可能な新顔も

ソラマメはなんといっても鮮度が命。本当においしいのは収穫後3日間といわれていて、品種よりも鮮度の違いが味の決め手となるのです。

「仁徳一寸」や「打越一寸」、大粒の「陵西《りょうさい》一寸」などは、スタンダードな定番品種です。早朝に収穫して、ＰＯＰに「朝どりソラマメ」と表示して販売するのがおすすめです。

イタリアにはファーベと呼ばれるソラマメがあり、生で食しているそうです。その系統の品種が「ポポロ」。通常のソラマメは一莢に2～3粒ですが、これは莢が長く30㎝にもなるので、

表2－23　ソラマメ

直売向き品種		特徴	播種期	収穫期	販売元
基本品種	仁徳一寸	大粒種で種実が3cm程度。やわらかで甘味あり。品質よい	10/下	5/下～6/中	タキイ種苗ほか
基本品種	打越一寸	ソラマメの定番。つくりやすい中早生品種	10/下	5/下～6/中	各社
基本品種	打越緑一寸	3粒莢率が高く、多収品種。濃緑で光沢あり	10/下	5/上～6/中	サカタのタネ
人目を引く品種	ポポロ	ファーベと呼ばれるサラダに使われるソラマメ	10/下	5/上～6/中	武蔵野種苗園

直売所でもひときわ目立つ存在に。小粒な豆が5～7粒入っています。

チーズやワインとの相性もよく、生でそのまま食べられるソラマメの新顔として、注目されています。

ポポロ

仁徳一寸

栽培のヒント

アブラムシの防除対策

気温が上昇しはじめ、分枝により株元が込みはじめたり、花が咲いたりする頃になると、アブラムシが新芽や幼果などに大量に群生することがあります。そのため、生育の阻害、莢の肥大不良を引き起こし、ウイルス病が媒介されます。

アブラムシ対策として、生育初期から防除しておくのがよいのですが、春先に株元付近などをよく調べ、アブラムシの発生が見られたら早めに防除します。なお、アブラムシは反射する光を嫌うので、畝の全面、もしくは一部にシルバーフィルムをマルチしたり、反射光用フィルムテープを張ったりしても効果があります。

キャベツ

甘藍／*cabbage*
アブラナ科アブラナ属
原産地＝ヨーロッパ南部

来歴と特性

キャベツの元祖は、青汁の原料として知られるケールです。人間とのつきあいは古く、古代ギリシャ・ローマ時代は薬草として使われていました。

昔からお酒の酔いを醒ます効果があるといわれていて、ギリシャでは酒宴の前にキャベツのスープを飲んでいたそうです。また、胃腸によいといわれるビタミンU（キャベジン）が多く含まれているのも事実です。

生でよし、炒めてよし、煮てよしのキャベツ。大きく分けてみずみずしくやわらかな春系キャベツと、ギュッとしまって歯ごたえもある寒玉系キャベツがあります。同じキャベツでも、栽培時期によってその品質や、適した料理法が異なります。

真夏（7月下旬～9月上旬）の暑い時期を除けば、いつでも出荷可能ですが、季節によって求められる品種は変わります。

春と秋は、生で食べるとシャキシャキ感があって、やわらかなサワー系。冬場は、ロールキャベツやシチューのように、加熱すると甘味が増す寒玉系が適しています。

シティ

秋まきと春まき 二通りある春キャベツ

春キャベツは一般的に4～7月初旬にかけて収穫されますが、郡山では秋まきの「シティ」を4～5月、「春ひかり7号」は5月中～下旬、春まきの「YR青春二号」「北ひかり」は6～7月初旬にかけて収穫できます。

葉がやわらかく巻きがゆるやかで、弾力があるのが特徴で、サラダや浅漬けにぴったりです。

YR青春二号

表2－24　キャベツ

直売向き品種			特徴	播種期	収穫期	販売元
基本品種	秋どり	ＹＲ青春二号	サワー系のやわらかキャベツ。巻きがゆるやか	7/上～7/中	10/中～11/中	渡辺採種場
		新藍	病気に強いジューシーなキャベツ	7/上～7/中	10/中～11/中	サカタのタネ
		コーラス	肉質最良。甘味あり	7/上～7/中	10/中～11/中	タキイ種苗
	冬どり	とくみつ	芯の糖度が12度を超える。甘さのある良質種	7/中	11/中～12/下	増田採種場
		彩音	つくりやすい多収種	7/中	11/中～12/下	タキイ種苗
		さとうくん	13度の糖度になる冬どりの極甘キャベツ	7/中	11/中～12/下	ナント種苗
	春どり	シティ	春どりに適した良質種	9/中	5/上～	渡辺採種場
		春ひかり7号	病気に強く、つくりやすい	9/中	5/中～	タキイ種苗
	初夏どり	ＹＲ青春二号	サワー系のやわらかキャベツ	3/上～	6/中	渡辺採種場
		北ひかり	サラダに最適	3/上～	6/中～	タキイ種苗
人目を引く品種	トンガリボウシ		三角型の甘味あるキャベツ	7/上～7/中	10/中～11/上	日本農林
	ルビーボールＳＰ		紫キャベツ。品種よく、つくりやすい	7/上～7/中	10/下～11/中	タキイ種苗
	カーボロネロ		イタリア在来系で和名では黒キャベツ	7/上～7/中	10/下～11/中	増田採種場
	ベビースター		芽キャベツの良質種	7/上～7/中	11/中～12/中	増田採種場
	プチヴェールホワイト プチヴェールルージュ		非結球芽キャベツ。アレンジがおもしろい	7/上～7/中	11/中～12/中	増田採種場
	シューフリーゼ		高糖度のちりめんキャベツ	7/上～7/中	11/下～12/下	増田採種場

とくみつ

寒さがつのれば甘みも増す寒玉系

冬の寒玉キャベツの魅力は、なんといっても甘さ。初夏どりの「YR青春二号」を、7月にふたたび播種して、10～11月に収穫します。

甘くてうまいキャベツ「新藍《しんらん》」、芯の糖度が12度を超える「とくみつ」、極甘キャベツの「さとうくん」などがありますが、これらの品種は寒さが増すごとに、キャベツは凍らないように自身で糖度を上げていきます。

ちりめんキャベツや芽キャベツも人気

カーボロネロ

シューフリーゼ

プチヴェールルージュ

プチヴェールホワイト

丸く大きな結球キャベツの人気もさることながら、最近はフランス料理やイタリア料理に使われる、変わり種キャベツの認知度も高まってきました。「シューフリーゼ」は、葉の表面がチリチリと縮れたちりめんキャベツ。「カーボロネロ」は、イタリア生まれの非結球キャベツ。黒キャベツとも呼ばれています。葉に厚みがあり、表面が縮れているので、料理人の間では「ソースがよく絡む」と評判です。

冬の煮込み料理に欠かせないのが芽キャベツ。地上から伸びた50～60cmの茎に、50～60個の実が鈴生りにつくので、「子持ち甘藍《かんらん》」とか「姫甘藍」とも呼ばれています。

キャベツ専門の種子メーカー増田採種場は、芽キャベツとケールを交配させて非結球タイプの芽キャベツ「プチヴェール」を育成しました。

小さなグリーンの実は、お皿に並べるとまるで緑のバラのよう。ほかにホワイトとルージュの2色があります。また、ケールの血を引いているので、ビタミンやミネラル豊富な健康野菜でもあります。食卓を華やかに彩る食材として、料理法や成分もお客さんに提案しながら、販売していきましょう。

ブロッコリー

芽花椰菜／*broccoli*
アブラナ科アブラナ属
原産地＝地中海沿岸

来歴と特性

ブロッコリーやカリフラワーのように、植物の花蕾《からい》を食す野菜を花野菜といいます。

いずれもキャベツの仲間で、祖先は地中海産のケールなどの突然変異から誕生したと考えられています。

ブロッコリーはキャベツの仲間で、カリフラワーとは兄弟関係にあります。原産地はイタリアを中心とした地中海沿岸で、19世紀に世界各地に広まって栽培されるようになり、独立した品種として改良が進みました。ブロッコリーは蕾《つぼみ》が出てから茎が伸びますが、カリフラワーは茎が伸びてから蕾ができるのが、大きな違いです。

日本には明治初期に入ってきました。当初はカリフラワーのほうが普及していたのですが、80年代以降、ブロッコリーが急速に広まり、現在はカリフラワーの2倍以上生産されています。

ブロッコリーのこんもりとした食用部分は、花蕾が集まってできています。独特の歯ごたえやボリューム感があり、熱の通りも早く、お弁当のつけ合わせとしても人気が高い野菜です。

栄養価としてはビタミンB群やC、カロテン、鉄分が多く含まれていて、花蕾だけでなく茎も食べられます。

おはよう

夢ひびき

真冬のブロッコリーはクリスマスに照準を合わせて

郡山での栽培は、春まきの初夏どりと、夏まきで秋・冬どりの作型の「おはよう」などがあります。とくにおいしいのは、真冬に収穫するブロッコリーです。寒さに当たるとより甘くな

表2－25　ブロッコリー

直売向き品種		特徴	播種期	収穫期	販売元
基本品種	おはよう	アントシアンフリーで、つくりやすい中早生品種	3/上～4/中	6/下～7/上	サカタのタネ
			7/上～8/上	10/中～11/下	
	夢ひびき	2個、3個と収穫できる品質のよいブロッコリー	3/上～4/上	6/中～7/上	ナント種苗
			7/上～8/上	10/中～11/下	
	ピクセル	早生タイプ。 段まき可能	3/上～4/中	6/中～6/下	サカタのタネ
			6/下～7/下	9/下～10/下	
	グランドーム	中晩生品種。 クリスマス出荷可能	7/下～8/上	11/下～12/下	サカタのタネ
人目を引く品種	スティックセニョール	甘さが人気の茎ブロッコリー。 直売所向き	3/中～4/中	6/下～7/中	サカタのタネ
			6/中～7/中	10/上～11/下	

るので、11～1月に出荷する分は、甘味の強い品種を選びます。

通常ブロッコリーは一株から1個収穫した後に、小さな脇芽が出てきて、それを集めて販売している人もいます。ところが「夢ひびき」は最初に大きな株を収穫したら、次もボコッと大きな花蕾が出てくるセカンドドーム型。一株から2～3個収穫できます。

グランドーム

冬場、ブロッコリーの需要が高まるのがクリスマス。中晩生品種の「グランドーム」を、この時期をねらって植えつけています。

全国的に見ると、ブロッコリーの需要は1～2月に高まって、販売価格も上がるのですが、郡山の気候では寒さと雪の影響で栽培は難しい状況です。

夏場は暑さに強い「スティックセニョール」を

ブロッコリーは、こんもりとしたドーム型の品種の他に、中国野菜の

スティックセニョール

サイシンとかけ合わせた「はなっこりー」、カリフラワーとかけ合わせた「ロマネスコ」、ケールとかけ合わせた「アレッタ」、カイランとの交配種「スティックセニョール」などユニークな品種があります。

「スティックセニョール」は、細い茎を食べるブロッコリー。頂花蕾の直径が５００円玉ぐらいになったら摘心して、順次出てくる脇芽がスティック状に生長したところでカットしていけば、一株から15本くらい収穫することができます。

ブロッコリーが花蕾の部分を収穫すると終わってしまいますが、「スティックセニョール」は、長期間収穫できます。暑さにも強いので、ブロッコリーがつくりにくい初夏から晩秋にかけて収穫できるのです。

カリフラワー

花椰菜／*cauliflower*
アブラナ科アブラナ属
原産地＝地中海沿岸

来歴と特性

カリフラワーは、キャベツの仲間ですが、通常のキャベツとは異なり、地中海東部の野生種から生まれたと考えられています。

茎が伸び、外葉が大きくなると、茎の頂部に未発達の蕾の集合体ができます。花蕾と呼ばれるこの部分を食すのです。ビタミンCが豊富。他の野菜に比べると、ゆでたときのビタミンCの損失率が低く、食物繊維が多いのも特徴です。

日本には１９６０年代に急速に普及しました。早生、晩生などさまざまな品種が育成され、周年栽培されるようになりましたが、80年代に入り、ブロッコリーに押されて生産量が減っていました。それでも栄養価の高さと、クセのない食味が人気。直売所になくてはならない存在になっています。

ベーシックな白　カラフルな品種も続々登場

カリフラワーは、ずっと花蕾の白い品種が主体でしたが、近年は花蕾がオレンジ色や紫色、あざやかなグリーンなど、カラフルな品種も増えています。

冬のマルシェ（市）で異彩を放つのが、カリフラワーの一群。そこだけぱっと花が咲いたようにカラフルになります。

「美星《みせい》」は、甘味があり、さっとゆでるだけで食べられて、生食も可能な白いカリフラワー。栽植密度を変えて植えつければ、ミニサイズからLサイズまで、大きさを変えて栽培できます。「大きくて一玉は使いきれない」とい

表２－26　カリフラワー

直売向き品種		特徴	播種期	収穫期	販売元
基本品種	美星	ミニサイズからＬサイズまでとれる。生食可能なおいしいカリフラワー。早生種	7/上～7/中	11/上～12/中	サカタのタネ
	オレンジ美星	オレンジ色のきれいなおいしいカリフラワー。早生種	7/上～7/中	11/上～12/中	サカタのタネ
人目を引く品種	パープルフラワー	ゆでると淡い青色に。お酢のドレッシングでピンク色に変わる。中生	7/上～7/中	11/中～12/中	武蔵野種苗園
	ユーロスター	ロマネスコ型のカリフラワー。良品質	7/上～7/中	11/中～12/中	朝日工業
	遠州みどり花やい	中晩生の緑色のカリフラワー。ゆでても色は変わらない	7/上～7/中	12/上～12/下	増田採種場
	カリフローレ80	茎カリフラワー。茎の緑がエメラルドグリーン	7/上～7/中	11/中～12/中	トキタ種苗
	バイオレットクイーン	紫色のカリフラワー。ゆでると緑色に	7/上～7/中	10/下～11/下	タキイ種苗

ユーロスター

美星

うお客さんには、ミニサイズをすすめることもできます。

「ユーロスター」は、淡いグリーンで花蕾の先端がとんがるロマネスコ型のカリフラワー。これを縦にスライスすると、まるで樅《もみ》の木のよう。クリスマスシーズンに大活躍します。

ユニークなのは、赤紫の「パープルフラワー」。ゆでると紫が淡いブルーに変わり、それに酢の入ったドレッシングをかけるとピンクに様変わり。まるで「食べる紫陽花《あじさい》」のような品種で、それをお客さんに話すと、誰もがびっくり！　会話を盛り上げてくれます。

花野菜は、根がデリケートでとても弱い野菜です。そこで排水がよく、酸素と肥料が十分ある畑でつくるのがポイント。土づくりをしっかりした圃場《ほじょう》でなければ、よい花野菜はできません。

郡山では11～2月頃が旬。カラフルな色が楽しめて、栄養価も高いカリフラワー。冬の直売所の花形商品です。

ハクサイ

白菜／*chinese cabbage*
アブラナ科アブラナ属
原産地＝東北ヨーロッパ～トルコ

来歴と特性

ハクサイは、日本で栽培されている作物の中で、もっとも大きな野菜です。原産地はヨーロッパ東北部から地中海のトルコ周辺といわれています。その野生種が中国に伝わり、同じアブラナ科のカブや漬け菜と自然交配して原型種が生まれました。

半結球のちりめんハクサイ

貯蔵性の高い結球ハクサイができたのは11世紀頃。山東省の卵円型、河北省のタケノコ型、河南省のキャベツ型と、三つの基本形が生まれました。

日本で注目されたのは日露戦争のとき、大陸に出兵した農村出身の兵士が山東ハクサイの大きさに驚き、「故郷でもつくりたい」と種を持ち帰ったのですが、アブラナ科の植物が多い日本では、交雑してなかなか結球しませんでした。

そこで、宮城県の松島湾の離島で交雑を防いで、純系のハクサイの育成に成功。これが日本のハクサイの3系統の一つ松島系。さらに愛知系、金沢系のハクサイがあります。

栄養的には緑菜に比べれば栄養価は低いのですが、ビタミンCやカルシウムを多く含んでいます。また緑色の部分や黄芯には、カロテンが含まれています。

白く、大きく、あっさりとした味わいのハクサイ漬けは、ビタミンが不足する冬場をしのぐ保存食として、日本食に欠かせない存在となりました。ところが昭和50年代以降、核家族化や食の洋風化に伴い、消費量は徐々に減少していきます。

一玉3kgという重量野菜でもあるので、高齢化が進む農村では、栽培をやめる生産者も少なくないのです。

それでも、塩漬けやキムチ、そして冬の鍋料理になくてはならない存在であることに、変わりありません。

春まきと夏まきで長期リレー栽培

ハクサイの旬は鍋物の季節になる秋から冬にかけてですが、最近は年間通して需要があるので、私は3～4月に

黄愛95

黄愛75

春の祭典

紫奏子

CRお黄にいり

種をまいて5～6月に収穫する春まきのタイプと、夏まいて秋冬に収穫する夏まき品種を栽培。5月上旬～翌年1月上旬まで隙間なく出荷できるようにしています。

春まきタイプの中でも、一番早いのは「春の祭典」。とう立ちが極端に遅い黄芯ハクサイで、根こぶ病などの病気に強く5月上旬に収穫できます。

夏まきの代表は松島系の「黄愛」。松島ハクサイの特徴である、やわらかさと食味のよさを引き継いだ黄芯ハクサイ。ハクサイを栽培する多くの人が悩まされている根こぶ病に強く、各種障害にも強いので、とてもつくりやすい品種です。

春まきの「めんこい」や夏まきの「CRお黄にいり」は、1kg未満のミニサイズで葉質のやわらかいハクサイ。「大玉は丸ごと待ち帰れない」「短期間に食べきれない」というお客さんにも好評です。

白・黄・オレンジ そして紫色も登場

かつてハクサイといえば中身も白い

表2−27　ハクサイ（春まき）

直売向き品種		特徴	播種期	収穫期	販売元
基本品種	春の祭典	極晩抽性の黄芯ハクサイ。根こぶ病に強く、つくりやすい	2/上〜4/下	5/上〜6/下	渡辺採種場
基本品種	春理想	根こぶ病に強い。春まき種	3/下	6/中	日本農林
基本品種	ＣＲ春秋	病気に強く、春まきできる万能品種	3/中〜4/中	6/中〜7/上	渡辺採種場
人目を引く品種	めんこい	葉質がやわらかい。サラダにも適するミニハクサイ	3/中〜4/中	6/中〜6/下	渡辺採種場

表2−28　ハクサイ（夏まき）

直売向き品種			特徴	播種期	収穫期	販売元
基本品種	夏まきⅠ	極意	夏まきできるサラダハクサイ	6/中〜8/中	8/中〜10/中	カネコ種苗
基本品種	夏まきⅡ	黄愛65	早生品種で8月上旬から播種できる。肉質やわらか	8/上〜8/中	10/上〜11/上	渡辺採種場
基本品種	夏まきⅢ	黄愛75 黄愛90	根こぶ病に強い75日・90日タイプ。つくりやすさが特徴	8/中〜8/下 8/中〜8/下	10/下〜12/上 11/中〜1/上	渡辺採種場
基本品種	夏まきⅢ	スーパーＣＲ新理想	根こぶ病に強くおいしい	8/中	11/下〜1/上	日本農林
基本品種	夏まきⅢ	黄ごころ85	生理障害が少なく、品質のよいハクサイ	8/中	11/下〜1/上	タキイ種苗
人目を引く品種		オレンジクイン	球内色がオレンジ色	8/中〜8/下	11/上〜12/上	タキイ種苗
人目を引く品種		ＣＲお黄にいり	600ｇ〜1kgのミニサイズ。根こぶ病に強い	7/中〜8/中	9/下〜10/中	タキイ種苗
人目を引く品種		紫奏子	紫色のサラダ用ハクサイ	8/中〜8/下	10/下〜11/中	ナント種苗

ものが主流でしたが、いつしか中の葉が黄色い黄芯ハクサイが主流になってきました。さらに中の葉が橙色の「オレンジクイン」も登場。

そしてなんと、葉が紫色の「紫奏《むらさきそう》子《し》」という品種まで出現しました。これは生食用のサラダハクサイ。まだ珍しいので、売り場でも目立ちますし、レストランでも家庭でも、「うわあ、こんな紫色のハクサイがあるんだね」と会話が盛り上がることは、間違いありません。

収穫したばかりの紫奏子

ホウレンソウ

菠薐草／*spinach*
アカザ科ホウレンソウ属
原産地＝ペルシャ（現・イラン）

来歴と特性

ホウレンソウは、今から約2000年前、ペルシャ地方でタンポポの葉に似た草が、健康によく美味であると育てられていて、それが中国、ヨーロッパへと広まっていきました。

中国では菠薐《パウリン》と呼ばれ、葉がギザギザで種に角がある東洋種として品種改良されていきます。

ヨーロッパでは、イスラム教徒により広められ、オランダで多くの品種が改良されました。東洋種と区別して西洋種と呼ばれています。葉にギザギザがなく、丸みを帯びているのが特徴。

日本には16世紀に中国から伝わり唐菜、赤根菜と呼ばれていました。明治期に入ると、多くの西洋種がもたらされ、菠薐草と呼ばれるようになりました。その後、東洋種と西洋種の交雑種（F_1）が開発され、多様な品種を一年中栽培できるようになりました。

品種リレーで 間を空けずに出荷しよう

ホウレンソウは、軟弱野菜の代表種で、人気の高い野菜です。品種選びのポイントは、葉色の濃さとつや、そして肉厚であることです。

播種して約30日で収穫できるのも、直売するときの強み。長期的に出荷する場合、春まきの「スーパーヴィジョン」、初夏まきの「ミラージュ」、晩夏まきの「ハンター」、秋まきの「弁天丸」というように、品種リレーで間を空けずに出荷していきましょう。

真冬に人気が高いのが寒締め縮みホウレンソウ「寒味」です。冬の間、寒さに当てることで、葉が縮んで大きく開いて生長し、肉厚で糖度の高いホウレンソウができるのです。

実際は、ホウレンソウの生長期に5℃以下の低温に10日～2週間ほどさらします。すると、ホウレンソウは凍ってしまわないように、糖度を上げて寒さから身を守るのです。

スーパーヴィジョン

寒味

表2−29　ホウレンソウ

	直売向き品種	特徴	播種期	収穫期	販売元
基本品種	スーパーヴィジョン	立性で光沢ある濃緑色	2/中〜3/下	4/中〜5/中	トキタ種苗
			8/下〜10/上	9/下〜11/下	
	ミラージュ	初夏まきできる。耐暑性がある	3/下〜4/下	4/下〜6/上	サカタのタネ
	ハンター	アクの少ない良食味ホウレンソウ	8/下〜10/上	9/下〜11/下	カネコ種苗
	弁天丸	立性で甘味のある寒ホウレンソウ	9/中〜2/上	10/下〜4/上	タキイ種苗
人目を引く品種	寒味	寒ちぢみホウレンソウ	9/中〜10/中	11/中〜12/下	トキタ種苗
	早生サラダあかり	赤軸ホウレンソウ。アクが少なく、サラダ向き	9/上〜10/下	10/中〜1/下	タキイ種苗
	赤根ホウレンソウ	赤根のおいしい日本ホウレンソウ	9/中〜9/下	10/下〜11/下	山形県種苗

栽培のヒント

窒素過多とpH調整に要注意！

ホウレンソウ栽培で難しいのは土づくり。保水性と排水性がよく、土の表面が固く、下はやわらかな肥沃な土壌をつくる必要があります。

また、pHの調整も重要です。火山活動の活発な日本には、pH3・5前後の弱酸性の畑が多いのですが、ホウレンソウはpH6〜7の中性土壌でよく育ちます。作付け前に土壌分析をして、適正なpHを保って播種しましょう。また、主根が1mぐらい伸びるので、中性でふかふかの土づくりも欠かせません。

ホウレンソウの生育適温は、10〜20℃なので、あまり早く種子をまくと、低温に当たらずじまい。また、遅いと低温のために生長しないで終わってしまいます。その年の天候によって播種する時期を判断しないといけません。

ホウレンソウの特徴はアクにあります。その主成分はえぐみの元のシュウ酸で、これを除くためにゆでて食べるようになりました。また、肥料をやりすぎると葉に硝酸が残ります。これが体に入ると発ガン性物質のニトロソアミンができるので、葉に余分な硝酸が残らないように適正に施肥することが必要になります。

郡山では露地で9月下旬〜10月上旬が播種の適期です。

弁天丸

コマツナ

小松菜／*saltgreen*
アブラナ科アブラナ属
原産地＝中国

来歴と特性

コマツナは、野沢菜やチンゲンサイなどの漬け菜の一種ですが、ホウレンソウよりアクが少なく、あっさりしていて使いやすいので、急速に普及しました。

その歴史は江戸時代の初め頃、中国から渡来したカブの一種から、葉を食べる漬け菜として、東京の小松川付近で栽培されたのが始まりです。

これを鷹狩りの折、将軍吉宗に献上したところ、とても喜ばれ、その地名から小松菜と名づけられたといわれています。

栄養価が高く、ビタミンA・K・B・Cや、カルシウム、カリウムなどを含んでいます。中でもカルシウムの含有量が豊富で、ホウレンソウの3倍以上もあるのです。

寒さに当たっておいしくなるのは冬。お正月のお雑煮をはじめ、みずみずしくて栄養価の高いコマツナが喜ばれます。

葉の色と味が濃い品種を選ぼう

東京の在来種だったコマツナは、純粋種に近い品種と、チンゲンサイなどの交雑種に分けられますが、純粋種はコマツナらしい香りと味が濃く、軸につく袴《はかま》も少ないのが特徴です。一方、交雑種は、香りが少なく味もまろやか。一般的には交雑種のほうが多く出回っています。

みなみ

「みなみ」は葉が濃い緑色で、春まきと秋まきが可能な品種です。

「きよすみ」は交雑種ですが、緑が濃く、白さび病に強く昔ながらの風味があります。暑さに強いので、5月下旬から11月いっぱいまで収穫が可能。

「里しずく」は白さび病に強いので、雨の多い春まき、秋まきに適しています。えぐみが少なくみずみずしく、4月下旬から11月いっぱいまで収穫できます。

紫色の新品種は、コマツナの世界にも出現しています。「むらさき祭」は、葉脈と軸が赤紫色に発色します。

長時間ゆでると、せっかくの紫色が溶け出してしまうので、加熱調理不要

表2－30　コマツナ

直売向き品種		特徴	播種期	収穫期	販売元
基本品種	みなみ	春と秋まき可能。立性で濃緑種	2/上～4/下	4/下～6/上	トーホク
			8/下～10/上	9/下～11/下	
	夏の甲子園	夏まき用品種。色濃く、じっくり育つ。多収	6/上～8/上	7/上～9/下	トキタ種苗
	きよすみ	白さび病に強く、昔ながらの風味がある	3/下～10/上	5/下～11/下	サカタのタネ
	里しずく	白さび病に強く、えぐみが少なくみずみずしい	3/上～10/上	4/下～11/下	武蔵野種苗園
人目を引く品種	むらさき祭	赤紫色のコマツナ。スジ・えぐみが少なく、サラダもＯＫ	3/下～9/下	5/中～11/下	渡辺農事

なフレッシュサラダや浅漬けがおすすめです。

むらさき祭

里しずく

栽培のヒント

露地、トンネル、ハウス一年中栽培できる

コマツナはとても栽培しやすい作物で、夏なら播種から20日、冬でも80～90日で収穫できるので、他の野菜に比べても格段に早いといえます。

周年栽培する場合、夏は高温多湿になると露地栽培で多発する白さび病に強い品種、冬は低温でもよく伸びる低温伸長性の高い品種を選びましょう。

さまざまな環境に対応できるので、露地はもちろん、トンネルやハウスをうまく使えば、一年を通して生産できますし、同じハウスで年7～8回収穫することも可能です。

シュンギク

春菊／*garland chrysanthemum*
キク科キク属
原産地＝地中海沿岸

来歴と特性

シュンギクはキク科の植物で、原産地は地中海沿岸。日本には中国を経由して、室町時代に入ってきました。

種類としては、葉の切れ込みが大きい大葉種、切れ込みの少ない中葉種、それより切れ込みが少なく細い小葉種に分けられます。

大葉種は、葉が肉厚で香りが弱く、味にクセがなくやわらか。九州や四国地方で、多く栽培されています。

中葉種は、香りが強く、茎が立ち上がり、分枝したものを摘み取る株立ち型と、株があまり伸びず、株ごと収穫する株張り型があります。株立ち型はおもに東北を含む関東以北、株張り型は関西で栽培されています。

小葉種は、香りは強いものの、収量性が低く、現在はあまり栽培されていません。

シュンギクは、βカロテンやビタミンB、C、鉄分、カルシウム、カリウム、食物繊維を豊富に含む、すぐれた緑黄色野菜です。中でもβカロテンは、ホウレンソウやコマツナを上回っています。

葉菜類の中でも独特の香りを放つシュンギク。その成分であるα《アルファ》ピネンやベンツアルデイドには、胃腸のはたらきを促進し、また咳を鎮め、痰を切る作用があるので「食べる風邪薬」としても知られています。

栄養価が高く、一番おいしいのは12～3月です。

鍋物の時期には必須 サラダ用の品種も

シュンギクの生育温度は15～20℃で、条件が整えば一年中栽培できます。ハウスなどで保温すれば、冬でも生育します。下葉を残して摘み取って、脇芽を伸ばすことで長期間収穫できるのです。

年間通して栽培可能ですが、ニーズが高まるのは冬場の鍋料理の時期です。シュンギク本来の香りの高い、摘み取りタイプの品種が適しています。

うちでは「なべ奉行」と「さとゆたか」が中心。香り豊かな品種で、鍋料理だけでなく、おひたしやゴマあえにもおすすめです。

また、注目株は一部ハウス栽培になるのですが「菊之助」。大葉で肉厚。食味がよく、10月から5月中旬まで収穫できます。

最近は、サラダにシュンギクを加えて、生で食す人も増えてきました。これには葉の苦味の強い品種より、「スティック春菊」のように、茎が甘い品

表2－31　シュンギク

	直売向き品種	特徴	播種期	収穫期	販売元
基本品種	なべ奉行	周年出荷可能で肉厚種。サラダでもＯＫ	4/上～9/下	5/中～12/下	渡辺採種場
	さとゆたか	病気に強い定番種。鍋物、おひたし、ゴマあえなどに	4/上～9/下	5/中～12/下	サカタのタネ
	きわめ中葉春菊	低温伸長性にすぐれ、多収性	4/上～5/中	5/中～6/下	タキイ種苗
			8/下～9/下	10/上～12/下	
人目を引く品種	菊之助	丸葉系の大葉シュンギク。肉厚で食味がよい	9/上 ～4/下（一部ハウス）	10/上～5/中	タキイ種苗
	スティック春菊	茎が甘いサラダ用品種	4/上～9/下	5/中～12/下	武蔵野種苗園

菊之助

なべ奉行

スティック春菊

種が適しています。

鍋物用の食材としては、クセのあるシュンギクよりも一時期あっさりしたミズナに押されている観がありました。でもやっぱり「ほろ苦いシュンギクを」という声は根強く、味が濃く、それでいて食べやすい品種が増えています。

ヨーロッパでは観賞用として栽培されているシュンギク。栄養的にもすぐれているだけに特有の芳香を生かして「食べる風邪薬」として、積極的に販売したいと思っています。

ミズナ、ミブナ

水菜・壬生菜／*saltgreen*
アブラナ科アブラナ属
原産地＝日本

来歴と特性

ミズナは、冬から春にかけ、旬を迎える冬野菜です。数少ない日本原産の野菜の一つで、平安時代頃から京都周辺で栽培されていたといわれています。関東以北では、京菜、柊菜《ひいらぎな》、千《せん》筋菜《すじな》とも呼ばれています。

ちなみに壬生菜《みぶな》は、京都の壬生地区で栽培されていたミズナの一種。葉に切れ込みがなく、葉先が丸く、ミズナにはない独特の辛味と香りがあり、漬け物として使われることが多いようです。

京都周辺では、京菜もミブナもミズナと呼ばれているとのこと。いずれもアブラナ科の野菜で、江戸時代の農学書には「蕪《かぶ》の葉より旨く、その種子から採った油を刀剣に塗ると錆ない」という記載もあり、日本人には昔からなじみ深い作物だったようです。

葉柄が白く細長く、葉に細かいギザギザの切れ込みがあり、臭みのない淡白な味わいとシャキシャキした歯ざわりが特徴です。

関西ではもともと大株につくって、鍋物や漬け物に使われることが多かったのですが、密植して軟弱な小株に栽培して、サラダ用に販売してから、全国区に急浮上。すっかりおなじみの野菜となりました。

栄養的には鉄分、ビタミンC、カルシウムが豊富。カルシウムの量は、コマツナをしのいでいます。

京かなで

サラダ用品種を密植してやわらかく育てる

ミズナ＝水菜と呼ばれるようになったのは、夏の作付けで余った肥料を使い、水を与えるだけで十分育つから。低温に強く、寒さにさらされると一段とやわらかく、味が濃くなります。最近は水耕栽培も増えていて、他の葉菜よりも安価で流通しています。

サラダ用として、生産量が急増した野菜でもあるので、クセのないシャキシャキした食感の品種を選ぶこと、密植してやわらかく育てることが重要です。

表2－32　ミズナ、ミブナ

直売向き品種		特徴	播種期	収穫期	販売元
基本品種	京かなで	小株どりでサラダ用。夏でも栽培可能	3/上～9/中	5/中～11/下	タキイ種苗
	京奏曲みぶな	交配種ミブナ。つくりやすく品質がよい	4/上～9/中	6/上～11/上	タカヤマシード
	清流みず菜	クセのないシャキシャキ感。茎葉がやわらかく、サラダ用	4/上～9/中	6/上～11/上	みかど協和
人目を引く品種	紅法師	葉柄が赤紫色できれい。ベビーリーフから大株まで使うことができる	3/上～6/上	8/上～9/下	タキイ種苗
			4/下～7/中	9/上～11/下	

そのため、うちの農場ではサラダ用の「京かなで」や、葉柄があざやかな赤紫色でアントシアニンたっぷりの「紅法師《べにほうし》」を選んでいます。市場では、サラダ用の「清流みず菜」も出回っています。

清流みず菜

紅法師

鍋物、漬け物用には大株で栽培しよう

また、煮物や漬け物用としては、ミズナ本来の風味をもつ固定種や、その交配種を選んで、大株づくりをして人目を引くのもよいでしょう。

サラダ用に普及したので、細くやわらかな小株のミズナが定番となっていますが、本来は鍋物や漬け物用にがっしりと大株でつくっていたのです。「千筋京水菜」は、ミズナの元祖ともいえる品種。早生、中生、晩生があり、鍋物や漬け物に用いられます。

漬け物用には「京錦《きょうにしき》壬生菜」などがありますが、名前もユニークな交配種の「京奏曲《きょうそうきょく》みぶな」は、つくりやすく、品質もすぐれています。

カラシナ、タカナ

芥子菜・高菜／*mustards*
アブラナ科アブラナ属
原産地＝中央アジア

来歴と特性

カラシナはアブラナとクロガラシの交雑種で、中央アジアが原産。多様な品種が存在していて、葉と茎を野菜として利用し、種子からは辛子とマスタードオイルをとることができます。

搾油用のカラシナは、インドとヨーロッパで、野菜としてのカラシナは中国で、それぞれ栽培と品種分化が進みました。

漬け物用のタカナや、中国料理に欠かせない搾菜《ザーサイ》は、その仲間です。

日本では、関東の黄カラシナ、九州の山潮菜《やましおな》、博多のカツオ菜、東北の芭蕉菜、山形の青菜《せいさい》など、全国各地にさまざまな品種が存在しています。

いずれもピリッとした辛味が特徴で、辛味成分のシニグリン多く含んでいます。日本では、古くから独特の辛味を生かした漬け物の材料として親しまれてきました。青物が不足する冬場、塩漬けして長期保存に耐えうるカラシナは、貴重な保存食だったのです。

私も毎年秋になると、そんなに量は多くないのですが、これをつくって、直売所に出しています。

以前は昔ながらの漬け物用の品種も栽培していたのですが、食生活の変化に伴い、お客さんの利用目的も変わってきました。今つくっているのはほとんどが生食用。つまり辛味のあるカラシナの仲間は、断然サラダ材料として求められるようになってきたのです。

辛味がアクセント サラダ需要が増えている

「グリーンマスタード」と「レッドマスタード」は、ベビーリーフ用の品種。レタスや他の葉菜などと混ぜると、ピリッとした辛味がアクセントになります。

葉に深いギザギザがある「リアスからし菜」は、ドレッシングがよく絡むので、サラダ用として人気。緑と赤、両方合わせて棚に並べると、人目を引いてよく売れます。

「コーラルリーフ・フェザー」は、紫色の葉があざやかなカラシナの新品種。アントシアニンを豊富に含んでいて、タキイ種苗が力を入れている、機能性野菜ファイトリッチシリーズの一員でもあります。

チリチリと葉先が細かく縮れた「わさび菜」もまた、サラダ用として人気の高い品種です。

なお、昔ながらのカラシナには葉カラシナ（タキイ種苗、サカタのタネ）、黄カラシナ（タキイ種苗）、山塩菜などいくつかの品種群があり、それぞれ

表2－33　カラシナ

直売向き品種		特徴	播種期	収穫期	販売元
基本品種	レッドマスタード グリーンマスタード	ピリッとした辛味はサラダのアクセントになる。 栽培しやすいカラシナ	8/下～9/中	9/下～11/中	サカタのタネ
	リアスからし菜（緑）（赤）	ギザギザタイプのカラシナ	8/下～9/中	9/下～11/中	渡辺採種場
	コーラルリーフ フェザー プリーム	極細葉の切葉カラシナ	8/下～9/中	9/下～11/中	タキイ種苗
	わさび菜	直売所で人気のカラシナ。 ピリッとした辛味がアクセントに。サラダ用	8/下～9/中	9/下～11/中	中原採種場

市販品種があります。

炒め物にも向くタカナ

また、おもに九州方面で古くから栽培されているタカナは、漬け菜の代表格。炒め物にも向いています。地方特有の在来種が多く、市販品種として「三池大葉ちりめん高菜」、「赤大葉高菜」、「柳川大葉高菜」（いずれもタキイ種苗）などがあります。

わさび菜

コーラルリーフ・フェザー

タカナ

ネギ

葱／*welsh onion*
ユリ科ネギ属
原産地＝中国西部

来歴と特性

ネギの歴史は古く、3000年以上前の中国大陸の西部が原産地といわれています。日本へは8世紀頃に渡ってきました。そして江戸時代中期には、全国各地で栽培されるようになっています。

ネギは地方色豊かな野菜で、東北や関東で主流の一本根深ネギ（白ネギ）と関西以西で一般的な葉ネギ（青ネギ）があります。

郡山で古くから栽培されているのは曲がりネギ。畑の作土層が浅く、ネギの軟白部分を確保するのが難しい畑で、夏に苗を掘り起こして斜めに植え替え、上から土をかけて養生する「やとい」という方法で栽培しています。

斜めに植えられたネギは、お日様の光の方向へ伸びようとするので、結果的に湾曲して、ストレスがかかった分、やらわかく甘味の強い曲がりネギになるのです。

ネギの葉の部分にはカロテンやビタミンCが豊富で、カルシウムやカリウムも含まれています。

また白根の部分に含まれている硫化アリルには、身体を温めたり、血液をサラサラにする効果があるといわれています。

なべちゃん

在来種の曲がりネギ ブランド野菜ハイカラリッくん

こうした曲がりネギは、福島県と宮城県の一部に見られますが、郡山では05年に阿久津曲がりネギ保存会が結成され、伝統野菜として復活。普及拡大が進められています。

最近は代表種の「阿久津ネギ」のほかに「下仁田」と根深ネギのF_1種「なべちゃん」という品種を使って曲がりネギをつくる農家も出てきました。

そんな白ネギと青ネギの中間タイプの中ネギを、私たちは「ハイカラリッくん」と名づけてブランド化しました。小指ほどの太さで、葉鞘の白い部分から葉先まで、おいしく食べられます。

また、夏場の端境期にも収穫可能。通常の葉ネギよりも肉厚でやわらかく、香りと甘味があるので、和洋中、どんな料理にも合います。

表2－34　ネギ

直売向き品種		特徴	播種期	収穫期	販売元
基本品種	ホワイトスター	食味のよいF_1種。根深ネギの定番品種	9/中～2/中	10/上～	タキイ種苗
	なべちゃん	良食味の下仁田と根深ネギのF_1種	9/中～2/中	10/上～	トキタ種苗
人目を引く品種	下仁田	殿様ネギとも呼ばれる太ネギ。やわらかく、甘味が強い。根から葉先まで太くて短い一本ネギ	9/中～2/中	10/上～	カネコ種苗
	たいら一本葱	一本ネギの赤ネギ	9/中～2/中	10/上～	トーホク
	ポトフ	西洋ネギ。リーキとも呼ばれる	9/中～2/中	10/上～	渡辺農事

ひと手間かけてさらにやわらかく

市場で流通しているネギは、病気に強く、そろいのいいF_1品種の根深ネギが中心ですが、直売所ではそれとは別の品種が求められています。必要なのは、やわらかく、太く、甘いネギであること。

うちでは根深ネギの「ホワイトスター」、そして下仁田ネギとの交配種である「なべちゃん」が定番です。

ネギのやわらかさは、品種によっても違うのですが、育て方一つでさらにやわらかくすることができます。

それはある程度育ったら、夏の間に引き抜いて、また植えつける。曲がりネギと同じ「やとい」の原理です。やわらかな品種をさらにやわらかくすることで、お客さんにもアピールできます。

希少価値の高い西洋ネギ「ポトフ」

私の農場では、15年ほど前から西洋ネギでリーキとも呼ばれる「ポトフ」も栽培しています。郡山近隣のホテルやレストランからの注文がきっかけで

ホワイトスター

ポトフ

した。当時国産品はほとんどなく、ベルギーやオランダからの輸入品が中心。東京の百貨店の野菜売り場などでは、一本1000円以上で販売されていたのです。

日本のネギよりも、味はまろやかで、ほのかな甘味があり、熱を加えるとより甘くなります。最近は料理人だけでなく、一般の方からも「使いたい」という声が増えてきました。

郡山で栽培する場合は、2月に種子をまいて育苗します。均一な苗をつくることがよいリーキづくりのポイント。土寄せしながら、できるだけ太くがっしりと育てます。寒さに当たると甘味が濃くなり、11月から翌3月頃まで収穫できます。

まだまだ希少価値の高い野菜です。「国産リーキ」の栽培に、ぜひチャレンジしてみてください。

タマネギ

玉葱／*onion*
ユリ科ネギ属
原産地＝中央アジア

来歴と特性

タマネギは中央アジア原産。栽培の歴史は古く、紀元前25世紀の古代エジプトの壁画に描かれているほど。ピラミッドの建設に当たった労働者たちの、パワーの源になっていました。

日本で本格的な栽培が始まったのは、明治時代。洋風の煮込み料理に欠かせない存在で、消費量をぐんぐん伸ばしていきます。子どもたちが大好きなカレー、シチュー、ハンバーグには欠かせない存在です。牛丼、肉じゃがなど、和食の新定番でも大活躍。肉料理との相性がよく、そのうま味を引き出す立役者なのです。

タマネギをカットすると涙が出てくる原因でもある、硫化アリルという成分は、消化を助け、ビタミンＢ１の吸収を促進するはたらきがあります。

早生・中生・晩生を使って長期的に販売しよう

日本でもっとも生産量が多いのは、北海道。春まき秋どりの品種で貯蔵性が高く、9月から翌年春まで出荷されます。

佐賀、兵庫、愛知県では、秋まき初夏どりで、5～8月に出荷されます。貯蔵性の高い作物なので、産地で栽培されたものが市場経由で流通しているケースが多いのですが、タマネギを直売所で販売する場合、年間通して必要とされる野菜なので、早生、中生、晩生と、品種を組み合わせて、4月から翌年2月まで長期的に販売できるようにしています。

タマネギの品種リレーの始まりは、

表2－35　タマネギ

直売向き品種			特徴	播種期	収穫期	販売元
基本品種	早生	浜育	早生種で肥大性あり	9/上	5/下	カネコ種苗
		ハッピー501	300g大で食味良	9/上	5/下	渡辺採種場
	中生	ラッキー	中生で食味がよい。 サラダタマネギ	9/上	6/中	渡辺採種場
		甘70	甘味がとくに強い。サラダ用	9/上	6/中	七宝
	晩生	ネオアース	保存性の高いタマネギ	9/上	6/下～	タキイ種苗
		ケルたま	ケルセチンが多い。長期出荷可能	9/上	7/上	タキイ種苗
人目を引く品種		レッドグラマー	甲高の赤タマネギ	9/上	6/上	カネコ種苗

ラッキー

浜育

極早生の「浜育《はまそだち》」から。辛味が少なく多汁質なので、サラダ用としても販売できます。続いて早生の「ハッピー501」を。青切りして生食用に、貯蔵して加熱用に。どちらでも対応可能です。

　中晩生種の定番は甘味の強い「ラッキー」で、かれこれ20年以上つくり続けています。サラダ用タマネギの中でも、とくに甘味が強く、スライスしただけで食べられるのが「甘70」です。

　中晩生の「ネオアース」は、貯蔵性が高く、全国的にも生産量の多い品種。晩生の「ケルたま」は、活性酸素を除

ケルたま

去するケルセチンを、従来の秋まきタマネギの2倍含んだ、機能性の高い品種。スープや煮込み料理にすると、甘味が高まります。

若どりの葉タマネギも有望な商品

大量流通に向かない変わり種の品種としては、赤タマネギの「レッドグラマー」もおすすめ。スライスしてサラダに混ぜるだけで、全体がカラフルになります。

レッドグラマー

辛味成分の少ない生食用タマネギで赤紫色の「湘南レッド」（サカタのタネ）も人目を引きます。

もう一つ、直売所で人気の商品に葉タマネギがあります。

これは球がふくらむ前に葉ごと収穫した若どりのタマネギで、少しふくらんだ白い葉鞘と、緑の葉身の両方を食べます。洋食ではあまり使いませんが、中国料理の世界では葉ニンニクと並んでポピュラーな野菜です。

基本的に通常のタマネギと同じ品種ですが、早く収穫したいときは早生種、ゆっくり収穫する場合は晩生種を使います。秋まきのタマネギは、9月初旬に種子をまき、収穫できるのは翌年の6月下旬と、全体で9カ月かかります。ところが葉タマネギは、約6カ月。3月から収穫できるので、野菜の少ない時期に出荷できる青物としてとても貴重です。

湘南レッド

葉の部分は和ネギ、白い部分はタマネギと同じように使えるので、お客さんには一石二鳥の商品でもあります。すき焼きのネギ代わりに使ってもよいし、酢みそあえにしてもおいしくいただけます。

郡山では、3月にハウス物の出荷が始まり、露地物は4月がピークで5月上旬まで続きます。

ハウスから収穫した葉タマネギが食卓に並ぶと、「おっ、今年も春がきたな」と、思わず農作業へ向かう足取りが軽くなる。そんな野菜でもあります。

ニンニク

大蒜／*garlic*
ユリ科ネギ属
原産地＝中央アジア

来歴と特性

ニンニクは、ユリ科の多年性作物で、10月に鱗片をまいて冬を越し、翌年の初夏、郡山では7月初旬に収穫します。

体内の栄養素を燃焼させてエネルギーに変換するスコルジンや、胃腸のはたらきを改善して食欲不振を解消したり、風邪の予防に役立つアリシンを含んでいます。

葉ニンニク、行者ニンニクにも注目

私は均等に6個の鱗片をつけ、使い勝手がよく、食味にもすぐれた「ニューホワイト六片」を中心に栽培しています。

その他、一球300〜500gにもなる特大の「ジャンボニンニク」や「無臭にんにく」「紫にんにく」なども栽培しています。

球根だけでなく、春に芽を出す茎葉ごと食す「葉にんにく」は、中国料理では定番の食材ですが、国産品はとても希少です。また、北海道で春を告げる山菜として珍重されている「行者にんにく」も、味と香りがすばらしく、直売所の目玉商品になりそうです。

ニューホワイト六片

表2－36　ニンニク

直売向き品種		特徴	播種期	収穫期	販売元
基本品種	ニューホワイト六片	リン片を6個つける。きれいな白色で肉厚。関東以北向き	10/下	6/下	佐藤政行種苗ほか
	ジャンボニンニク	4 〜 5片で1球、1球300 〜 500gになる。ニンニク臭は控えめ	10/下	6/下	佐藤政行種苗ほか
人目を引く品種	無臭にんにく	臭いの非常に少ない品種	10/下	6/下	佐藤政行種苗ほか
	紫にんにく	紫色の皮で白肉種	10/下	6/下	各社
	葉にんにく	春萌芽する若い茎葉利用。美味	10/下	5/中	佐藤政行種苗ほか
	行者にんにく	若芽を摘み取る。味と香りがよく、中華料理などに使う	5/上　苗	→翌年以降	佐藤政行種苗ほか

レタス

萵苣／*garden lettuce*
キク科アキノゲシ属
原産地＝地中海～西アジア

来歴と特性

レタスの歴史は古く、紀元前6世紀頃にはペルシャ王の食卓にものっていたそうです。地中海沿岸から西アジアで生育した野生種が、ヨーロッパ全体に広まったといわれています。

日本には平安時代、中国から伝わりました。茎を切ると、乳に似た白い液体が出ることから、乳草《ちしゃ》と呼ばれるようになりました。昔から結球していたわけでなく、サンチュのように下から葉をかき取って食べていたようです。

葉形や色のユニークな品種を

レタスには結球タイプの玉レタス、葉が広がっているリーフレタス、砲弾型の立ちレタス、葉よりも茎を食す「ステムレタス」があります。

レタスの場合、「直売するなら断然これ！」と言い切れるほど、品種による食味の違いはありません。それよりもお客さんが要求するのは鮮度。料理人も一般の方も、とにかく地元の新鮮なレタスを望んでいます。

ラプトル

日本人に一番なじみの深い玉レタスは、結球性と形のよい「Vレタス」や「ラプトル」。春まきと夏まきで二度栽培できる「早生サリナス」を。

サニーレタスの登場以来、生産量が伸びているリーフレタスは、緑の「グリーンジャケット」、葉先がみごとに濃赤褐色になる「晩抽レッドファイヤー」を。葉先のフリルが強いハンサムシリーズも人気です。

ロメインレタスの「晩抽ロマリア」は、楕円形の半結球レタスで、シーザーサラダの材料に。味が濃く、チーズ

晩抽レッドファイヤー

表2－37　レタス

直売向き品種			特徴	播種期	収穫期	販売元
基本品種	丸レタス	Vレタス	結球性抜群。秀品率の高いレタス	8/上～8/中	10/下～11/中	カネコ種苗
		早生サリナス	食味がよい。苦味が少なくジューシー	3/上～4/中	5/下～7/上	渡辺採種場
				8/上	10/下～11/上	
		ラプトル	病気に強く、レタスの形状がよい	8/上～8/中	10/下～11/中	横浜植木
	リーフレタス	グリーンジャケット	チップバーン（根腐れ病）少なく、葉質はしなやか。緑色良	3/中～4/上	5/中～6/上	タキイ種苗
				8/上	10/上	
		晩抽レッドファイヤー	晩抽で色あざやか。つくりやすい濃赤色リーフレタス	3/中～4/上	5/中～6/上	タキイ種苗
				8/上	10/上	
人目を引く品種		ハンサムグリーン ハンサムレッド	葉先がギザギザ系の品種	7/下～8/上	9/下～10/下	横浜植木
		ステムレタス	山くらげと呼ばれる茎レタス	8/上	10/下	タキイ種苗
		トロピグリーン トロピレッド	蛍光色のリーフレタス	7/下～8/上	9/下～10/下	渡辺採種場
		晩抽ロマリア	食味のよいロメインレタス	7/下～8/中	10/上～11/中	タキイ種苗

ハンサムレッド

ハンサムグリーン

晩抽ロマリア

ベースのドレッシングとの相性がよいものが求められます。

どんな土でも比較的よく育ち、生育適温は18～25℃。日当たりのよい場所を好みます。郡山でも真夏の酷暑の時期を除けば栽培可能で、直売所にはいつも新鮮なレタスが並んでいます。

年2回、茎を食べる「ステムレタス」も栽培

茎を食す「ステムレタス」は、中国で発展しました。日本の土産物店などで見かける山くらげの漬け物は、この茎の部分を棒状に刻んで乾燥させ、水

で戻して漬け込んだものです。日本で流通しているもののほとんどが中国産。国内に産地と呼べる場所はなく、青森県や山形県でわずかにつくられているだけです。

ステムレタスは、主に茎の部分を食べるのですが、若葉は生でも食べられます。茎の部分は硬いので、ピーラーなどで白い部分がなくなって、緑色になるまでむいてください。食べやすい大きさにカットして、水に戻して10分ぐらいアク抜きしてから料理します。

塩、コショウ、ゴマ油とあえてもおいしいですし、肉と炒めたり、きんぴら、天ぷら、漬け物にしても美味です。

私の農場では、6～7月と11月の2回収穫して販売しています。栽培方法はレタスと同じなので、家庭菜園でも簡単につくれます。

まだどんな野菜か知らない人も多いので、説明すると「これがレタス?」とびっくりする方も多いのです。

セルリー

塘蒿／*celery*
セリ科オランダミツバ属
原産地＝地中海～西アジア

来歴と特性

独特の香りが印象的なセルリーは、一般的にセロリと呼ばれています。地中海沿岸から中近東まで野生種が分布する一・二年草本で、昔は消臭や薬用に用いられていました。

ビタミンB_1、B_2、カルシウムを豊富に含んでいます。

家庭では、サラダの材料として生食することが多いですが、プロの料理人の世界では、スープの味に深みを出す香辛野菜として重要な位置を占めています。

新聞紙を巻いて風味を抑える

セルリーの品種選びは、その風味と香りが第一。黄色種、緑色種、その中間種のタイプがあります。

日本では長らく黄軸の「コーネル619号」という品種が主流でしたが、私はその後継品種でより軸が太い「新コーネル619号」や、ボリュームがあり、大株に育つ淡緑色の「トップセラー」をつくっています。

風味が強すぎるときは、畑で株のまわりに新聞紙を巻いて軟白させると、茎が白くなり風味もマイルドに。風味の強いものと抑えたものを並べて、お客さんに好きなほうを選んでもらうとよく売れます。

料理人の評価が高いミニセルリー

売り場で人目を引くのは、長さ20～25cmほどの「ミニホワイト」。およそ75日で収穫できるようになります。一

表2－38　セルリー

直売向き品種		特徴	播種期	収穫期	販売元
基本品種	トップセラー	緑色系。大株づくりで、肉厚でスジが少ない。乾燥しないように管理する。家庭菜園でもつくりやすい	3/中～4/中	7/下～8/下	タキイ種苗
基本品種	新コーネル619号	淡緑色系のコーネル619号の後継品種。黄軸で肉厚・株ぞろいがよい	3/中～4/中	7/下～8/下	タキイ種苗
人目を引く品種	ミニホワイト	ミニセルリー。サラダやスープ向き。マイルドな香りでクセが少ない	4/中～8/下	6/下～10/下	タキイ種苗

見ミツバのようですが、茎が真っ白で、味も香りもりっぱにミニセルリー。サラダやスープの材料として、料理人から高く評価されています。

トップセラー

新コーネル619号

ミニホワイト

栽培のヒント

大苗に育て乾燥させないように

ミニセルリーは直まきですが、基本品種は苗床で十分な手入れをして、じっくり大苗に育ててから定植します。

セルリーは、乾燥しないように管理することがポイント。春まき秋どりでは、夏の朝夕の灌水（水やり）を欠かさないようにします。

アスパラガス

松葉独活／*asparagus*
ユリ科アスパラガス属
原産地＝南ヨーロッパ～ロシア南部

来歴と特性

アスパラガスは、種から栽培すると収穫までに2～3年を要しますが、一度定植すると、7～8年は収穫し続けることができる永年性作物です。中には上手に肥培管理をして、同じ場所で20年以上とり続けている人もいます。

原産地は南ヨーロッパからロシア南部にかけての地帯。少なくとも紀元前2世紀頃には、ギリシャやローマで栽培されていたようです。

日本には江戸時代後期、観賞用として伝来しました。食用としては明治初期から北海道で本格的に栽培されるようになり、最初につくられたホワイトアスパラガスの缶詰は、大部分が海外に輸出されていました。

グリーンアスパラガスが国内で普及しはじめたのは70年代から。北海道、長野、佐賀、長崎、そして福島県の会津地方も有力な産地です。

栄養的にはβカロテンや葉酸、カリウムが豊富です。また、アミノ酸の一種であるアスパラギン酸も含まれていて、新陳代謝の促進や疲労回復効果があります。

緑・白・紫の3色をそろえよう

スーパーウェルカム

パープルタワー

品種選びのポイントは、太さとやわらかさのあるもの。「スーパーウェルカム」は、2Lサイズの太いものが出そろうので、気に入って使っています。また、「グリーンタワー」（みかど協和）なども若茎が太く、多収性品種として定評があります。

ホワイトアスパラガスは、グリーンと同じ品種を、日光を遮って軟白させて育てたもの。やわらかいのが特徴で

表2－39　アスパラガス

直売向き品種		特徴	播種期	収穫期	販売元
基本品種	スーパーウェルカム	2Lサイズが多い。そろいのよいアスパラガス。従来のウェルカムより増収可能	4/上	2年目以降 5/上～5/下	サカタのタネ
人目を引く品種	バーガンディ	紫色のアスパラガス。 味が濃い	4/上	2年目以降 5/上～5/下	シンジェンタジャパン
	パープルタワー	赤茶色のアスパラガス。 甘味が強い	4/上	2年目以降 5/上～5/下	渡辺農事
	ホワイトアスパラガス	緑のアスパラガスを遮光栽培してつくる	4/上	2年目以降 5/上～5/下	——

す。

　そして「パープルタワー」は、あざやかな赤紫色の品種。「バーガンディ」は紫色で味も濃く、食感良好。緑・白・紫。この3色を並べて販売すれば、人目を引いて誰もがつい足を止めることでしょう。

栽培のヒント

株を大きく育て良質、多収に

　アスパラガスは種をまく前に、風呂のぬるま湯などに一昼夜つけるとよく発芽します。苗床や育苗箱などに種をまきます。

収穫期のアスパラガス

　発芽までに要する日数は15～20日。当初は葉が弱々しく細いので、丹念に除草をして追肥を施します。順調に育てば秋頃には、茎が5～6本ついた苗（草丈50～60㎝）ができます。

　定植は暖地では11月頃が適期ですが、私たちの住む郡山など寒冷地では苗が冬に傷まないようにするため、春先の4月におこないます。

　夏から秋にかけての追肥、中耕をおこない、茎葉管理を怠らず、株を大きく育てることが、太くて良質の芽を収穫するために重要です。そこで定植した翌年に出てくる芽は収穫せずに、もっぱら株の養成をはかります。

　2年目には芽が出しだい15～20日間ほど収穫し、残りは収穫せずに株を伸ばし、3年目は30～40日間を目安に収穫し、さらに株を大きくしていきます。収量が多くなる4年目以降は、収穫期間を50日ほどにします。

チンゲンサイ

青梗菜／*qing-geng-cai*
アブラナ科ネアブラナ属
原産地＝中国華中地方

来歴と特性

中国野菜のチンゲンサイは、1972年、日中国交正常化を記念して、友好の証として贈られたパンダと一緒にその種子が日本へもたらされました。

青々とした葉と、シャキシャキとして歯ごたえのあるお尻の部分が特徴。中国料理を中心に炒め物、煮物、鍋物、スープと、用途の広い葉物野菜です。

典型的な緑黄色野菜で、ビタミンA（カロテン）とカルシウムがとくに多く、ビタミンCやカリウム、鉄分も比較的多く含まれています。

郡山では、4～5月に播種して6～7月に収穫する春まき夏どり型と、8月下旬～9月上旬に播種して10月に収穫する夏まき秋どり型の二つの作型を中心に栽培しています。

夏と秋、二度収穫可能 ミニサイズが愛らしい

肉厚で光沢があり、見た目にも美しい「ニイハオ4号」は、春まき、夏まきいずれもOKな品種。同じく年二作が可能な「青冴《あおざえ》」は、クセがなく生でも食べられる品種です。また、「遼東チンゲンサイ」は、アブラナ科の作物につきものの根こぶ病に強く、甘味があり食味にもすぐれています。

また、料理人や食通の間では、切らずにそのまま姿を生かせるミニサイズ

ニイハオ４号

表２－40　チンゲンサイ

直売向き品種		特徴	播種期	収穫期	販売元
基本品種	ニイハオ4号	春・秋まきできる。肉厚で光沢あり	4/中～5/下	6/上～7/中	渡辺農事
			8/中～9/下	10/上～11/中	
	青冴	光沢あり。病気に強い。みずみずしく、クセがなく生食可能	4/中～5/中	6/上～7/上	サカタのタネ
			8/中～9/下	10/上～11/中	
	遼東チンゲンサイ	根こぶ病に強く、やわらかで甘味あり	4/中～5/下	6/上～7/中	渡辺採種場
			8/中～9/下	10/上～11/中	
人目を引く品種	ニイハオ・フォン	葉の表が濃赤紫色。小さめの50～60gで収穫。サラダもＯＫ	4/中～5/下	6/中～7/中	渡辺農事
			8/下～9/下	10/中～11/中	
	シャオパオ®	超小型。丸ごと使える。食味にすぐれるミニチンゲンサイ	4/中～9/下	5/中～11/上	サカタのタネ

のチンゲンサイも人気。草丈10〜15cmの愛らしい「シャオパオ®」や、葉が濃赤紫色で、サラダにも使える「ニイハオ・フォン」などは、新しい直売所向けの品種として、注目を集めています。

シャオパオ®

ニイハオ・フォン

中国野菜

アブラナ科ネアブラナ属
原産地＝中国

来歴と特性

チンゲンサイの他にも、中国野菜には個性的な仲間がいっぱいあります。油を使った火力の強い調理法に適した多肉質の葉茎菜が多く、栄養価も食べごたえも十分。西洋野菜とは異なる魅力があり、直売所やレストランでも人気上昇中の野菜です。

《芥藍《かいらん》》キャベツの仲間で、花葉を食べます。暑さに強く華南から東南アジアまで広く分布。「宝みどり」の食感はブロッコリーに似て、炒め物に適しています。

《莧菜《ひゆな》》別名ジャワホウレンソウ。中国やベトナムではポピュラーな野菜。鉄分が豊富に含まれています。

《紅菜苔《こうさいたい》》華中で搾油用のアブラナの中から派生した食用種。寒さに強く、甘味があります。

《蔓紫《つるむらさき》》独特の風味がありますが、カロテン、ビタミンCなどの栄養価が高く、ぬめり成分のムチンが豊富。

《豆苗《とうみょう》》エンドウマメの新芽。日本では水耕栽培のスプラウトの一種として販売されています。

《蕹菜《えんさい》》ヒルガオ科サツマイモ属の野菜で、別名空芯菜《くうしんさい》とも呼ばれています。茎の中が空洞で、暑さに強くつくりやすいのが特徴です。

《芹菜《きんさい》》セリ科の仲間でセロリの原種ともいわれています。葉柄が細長く、別名スープセルリーとも呼ばれています。

《塌菜《たあさい》》低温期になると、濃緑色の小さい葉が地面に羽を広げたように開きます。チンゲンサイより繊維が少なく、「緑彩一号」は立性《りっせい》だが、「緑彩二

表２－41　中国野菜

直売向き品種		特徴	播種期	収穫期	販売元
基本品種	宝みどり	カイラン。キャベツやブロッコリーの仲間で、茎の部分は薄くむいて食す。炒め物にするとたいへんおいしい	4/中～8/下	6/中～10/下	武蔵野種苗園
	ヒユナ	ジャワホウレンソウともいわれ、クセがなくおいしい。中国、ベトナムで普及している野菜	4/中～6/中	6/中～8/下	各社
	コウサイタイ	紫の茎を食す。甘味がある。寒さに強い	9/中	11/中～	各社
	オータムポエム	紅菜苔と菜心の交配種。アスパラ風味。秋から冬にかけて花茎を食べる	9/中	11/中～	サカタのタネ
	ツルムラサキ	蔓性で真夏でも生長する。独特の風味をもつ	5/上～6/下	7/上～8/下	各社
	豆苗	エンドウの新芽で、若葉と蔓の部分を炒め物に利用	4/中～5/下	5/下～6/下	各社
	エンサイ	別名アサガオ菜ともいい、中が空洞。蔓の先20㎝ぐらいを炒め物などで食す。 暑さに強くつくりやすい	5/上～8/中	7/上～10/中	各社
	キンサイ	スープセルリーともいい、サラダなどに利用できる	5/上～5/下	7/上～7/下	各社
	緑彩二号	タアサイは秋冬期の青菜。濃緑で線維が少なく、歯切れがよい。炒め物などに利用	8/下～9/中	10/中～11/下	サカタのタネ

号」は開張性であるのが特徴です。

日本生まれの中国野菜!?「オータムポエム」

中でもユニークなのが「オータムポエム」。秋から冬にかけて花茎《かけい》を食べ

緑彩二号

宝みどり

る新野菜で、中国野菜の紅菜苔と、菜《さい》心《しん》をかけ合わせてつくられました。寒さに強い紅菜苔と短期間に花茎がたくさん育つ性質を併せ持っていて、風味や食感がアスパラガスによく似ているので、別名アスパラ菜とも呼ばれています。

またビタミンA、C、鉄分、食物繊維を豊富に含んでいて、冬の貴重なビタミン源としても有効な野菜です。

ホウレンソウやコマツナは、一度収穫したらおしまいですが、「オータムポエム」は、親茎、子茎、孫茎まで、20本くらい収穫できるのも魅力。冬の直売所のラインナップに加えてみましょう。

オータムポエム

ナバナ

アブラナ科ネアブラナ属
原産地＝中国など

来歴と特性

春が訪れ、桜の花が散る頃に、広がる黄色い絨毯……。そんな光景を、日本中いたるところで目にすることができるのは、菜の花のおかげです。

ナバナとは、アブラナ科の野菜のとう立ちした部分。つまり種を残して子孫を増やそうと出てきた花芽と茎の部分を食す野菜全般の総称で、福島県では茎立ち菜とも呼ばれています。

畑に置かれたまま、冬を越して春を迎えたキャベツやハクサイの真ん中から、ニョキニョキと茎が伸び、花を咲かせようとする。そこをポキッと折って、春の訪れを感じさせる食べものとしていただくのです。

アブラナ科のキャベツやハクサイ、コマツナ、カブ、チンゲンサイ、カラシナのとう立ち菜は、すべてナバナです。ビタミン、ミネラルの豊富な緑黄色野菜です。中でも美味といわれるのは、チンゲンサイのナバナ。また、郡山ブランド野菜の「冬甘菜《ふゆかんな》」のとう立ち菜も、かなり美味です。

こうした冬野菜の花芽とは別に、ナバナ専用に品種改良、育成された品種もあります。

冬はハウス 春は露地へリレー

ナバナは、国が育種した「農林16号」という品種が本家といわれています。これは今も現役。早生種の「農林20号」や晩生種で、よりおいしく改良されて甘味の強い「宮内菜《みやうちな》」という品種も。また、葉が縮れた「ちりめんかぶれ菜」は、郡山市田村町の在来種といわれて

表2－42　ナバナ

直売向き品種		特徴	播種期	収穫期	販売元
基本品種	あでやかつぼみ菜	ブルームレスのつぼみ菜。あざやかな色で甘味もある	9/下～	1/中～	渡辺採種場
基本品種	三陸つぼみ菜	とてもやわらかく、甘味のある冬の定番種	9/下～	1/なか～	渡辺採種場
基本品種	春立ちなばな	おひたしにすると歯切れよく、おいしい。寒さに強い	9/上	3/中～ 4/中	渡辺採種場
人目を引く品種	宮内菜	晩生のとう立ちで、とくに食味がよい	9/中	4/下～ 5/中	カネコ種苗
人目を引く品種	ちりめんかぶれ菜	ちりめん状の葉をしたとう立ち菜。甘味が強く、食味がよい	9/中	5/上～ 5/下	菊地種苗

います。

こうしたナバナ類は、表面に白い粉状のブルームが出ることが多いのですが、「あでやかつぼみ菜」は、ブルームレス。葉の緑がとてもあざやかな品種です。

栽培は9月に種子をまいて育苗し、10～11月に定植。冬はハウスで「三陸つぼみ菜」をつくって収穫し、春から「春立ちなばな」や「宮内菜」へと順次リレーして、4～5月に収穫します。

三陸つぼみ菜

宮内菜

あでやかつぼみ菜

イタリア野菜いろいろ

原産地＝イタリア

来歴と特性

イタリア料理がブームとなったのは、80年代。もう30年以上続いているので、ブームではなく、パスタやピザ、野菜をいっぱい使ったラタトゥイユなどは、今や私たちの日常食の一部になりつつあります。

イタリアで修業経験のある料理人やシェフたちは、現地と同じ野菜が欲しいとポケットに種子を忍ばせて帰国。知り合いの農家に託して育ててもらったりしていたのですが、気候や土壌が違うので、なかなかうまくいきませんでした。

日本の気候風土でもちゃんと育つイタリア野菜の育種に、もっとも力を入れているのがトキタ種苗。「ゲストイタリア」というシリーズがあります。

野生種に近く香りが強いのが特徴

日本でもすっかりおなじみとなったバジルですが、「バジリコ・ナーノ」は葉が小さく香りの強いタイプ。こんもりと生えるので、鉢植えでも楽しめます。発芽適温は20～25℃で1週間。株間20cm、条間30cmで数粒点まきします。高温長日で花芽がついてくると葉質が固くなり、株が弱るので花芽を取り除くようにします。鉢植えは数粒まき、1本立てにし、観葉植物としてキッチンガーデンとして小さくてこんもりした葉を楽しみます。

「サレント」は、イタリア在来のナバナ。日本のものより花蕾が大きく、濃厚な味が特徴的です。

「ローマ」は、野生に近いルッコラ。地中海沿岸原産のサラダ用ハーブ。発芽適温は20℃でおよそ1週間。種が細かいので、砂をまぶして条まきします。

バジリコ・ナーノ

種袋

表２－43　イタリア野菜

直売向き品種		特徴	播種期	収穫期	販売元
基本品種	サレント	野菜名テーマディラーパ。西洋ナバナ。甘味が特徴	3/上～8/上	5/上～11/上	トキタ種苗
	バジリコ・ナーノ	ブッシュタイプのバジル。小葉がアクセントで使いやすい	4/上～8/上	6/下～10/上	トキタ種苗
	ナポリ	野菜名フィノッキオ。香り高く、色もきれいな品種	4/下～7/下	7/上～11/中	トキタ種苗
	ローマ	野菜名ルッコラセンバチコ。ワイルドルッコラともいう。香り強く、味が濃い	2/中～8/上	4/中～10/下	トキタ種苗
	スティッキオ	スティックタイプのフィノッキオ。香りと甘味がある	3/中～9/中	5/中～11/中	トキタ種苗

ナポリ

ローマ

本葉3枚、葉長5cmほどの頃、株間15cmに定植。冬季は伸長が遅れぎみですが、枯れることはありません。日本のポピュラーな品種よりも香りが強く、味が濃いので、サラダに少量混ぜるだけで存在感が出せます。

「ステッキオ」は、日本発の新しいイタリア野菜。さわやかな香りと甘味があり、スティックサラダやバーニャカウダで丸ごと生で食べます。

全体的に野生種に近く、香りの強い品種が多いのが特徴です。品種の来歴や使い方を書き添えて、直売所の棚に並べておくと、料理人やイタリア料理が好きなお客さんに、とても喜ばれます。

スティッキオ

ダイコン

大根／*Japanese radish*
アブラナ科ダイコン属
原産地＝地中海沿岸、中央アジアなど

来歴と特性

ダイコンの原産地については、諸説あるのですが、地中海、インド、中国や中央アジア一帯で多くの種が生まれ、東西へ伝わったと考えられています。

わが国では『日本書紀』に「於朋泥（おほね）」という記述が見られることから、8世紀にはすでに栽培されていたといわれています。中国からもたらされたダイコンは、根が白く長い華南系の品種が中心。赤や緑のものもある華北系も渡来して各地で交雑・分化して多様な在来種を生み出しました。

江戸時代には練馬、亀戸《かめいど》、三浦、聖《しょう》護院《ごいん》、桜島など、私たちにもおなじみの品種が登場しています。

地方色豊かなダイコンの世界が、大きく様変わりしたのは1974年。タキイ種苗から青首の「耐病総太り」ダイコンが発売され大ヒット。甘く、やわらかく、上から下まで均等な太さなので、抜きやすいことから、全国的に広まります。

ダイコンには、でんぷんを分解する酵素のアミラーゼが豊富に含まれていて、胸やけや胃もたれ、二日酔いなどにも効果があります。

現在も、国内でもっとも作付面積の多い作物はダイコンで、100種類以上の品種が存在しますが、その95%を青首ダイコンが占めています。

秋冬はダイコンの本領発揮　春夏は暑さに強い品種を

秋冬は、ダイコン本来の味わいを発揮できるシーズン。やわらかさと甘味で、秋ダイコンは「YRくらま」、冬ダイコンは「冬自慢」や「冬の浦」を栽培しています。

春夏は、とう立ちしにくく、暑さに

YRくらま

冬の浦

強い「三川大根《さんせん》」などを。サクラが開花する地温13℃の時期を目安に播種。それより早い場合は、マルチやトンネルを活用しています。

中ダイコンの「三太郎」は、作期が広くてつくりやすく、やわらかさと甘味があります。

紅くるり

三太郎

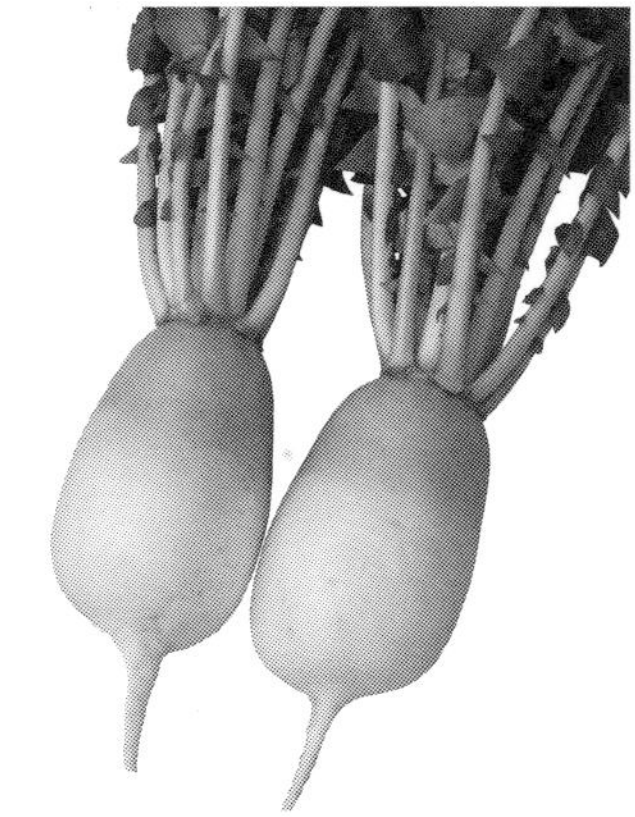
おむすビッシュ

紅化粧

皮も身も赤い「紅くるり」は注目株

直売所やレストランで、人気が高いのは「紅くるり」。それまで中身の赤い紅芯ダイコンがありましたが、皮も身も赤いダイコンは初めてです。

しかも甘味が強く、とってもジューシー。赤味を生かしたサラダや漬け物にも向いています。人目を引くだけでなく、アントシアニンを豊富に含み、抗酸化作用の強い品種として注目されています。

昔から大根十耕といわれるほど、水はけがよく、深く耕されたふかふかの土を好みますが、いずこもそんな条件のよい畑ばかりではありません。

でも、「紅くるり」なら大丈夫。普通のダイコンが長さ約40㎝なのに対し、25㎝と短く丸いので、深い耕土を必要とせず、いろいろな畑で栽培できるのです。お祝いの席などに、白いミニダイコンと「紅くるり」をセットで出したら、紅白の縁起物としてきっと喜ばれることでしょう。

表2−44　ダイコン

直売向き品種			特徴	播種期	収穫期	販売元
基本品種	秋冬	ＹＲくらま	食味最良の秋冬ダイコン。耐病性がある	8/下〜9/上	10/下〜12/中	タキイ種苗
		冬自慢	肉質のやわらかく甘味のある青首ダイコン	8/下〜9/上	10/下〜12/中	サカタのタネ
	冬	冬の浦	低温伸長性で甘味のある冬ダイコン	9/上〜9/中	11/中〜12/下	カネコ種苗
	春	三川大根	春まき。とう立ちせず適応性が高い。品質がよい	4/上〜5/上	6/上〜6/下	アサヒ農園
人目を引く品種	早太り聖護院		丸ダイコン。早太りで甘く、煮食に向く	8/下〜9/上	10/下〜12/中	タキイ種苗
	からいね		辛味大根。うま味のある辛味あり	8/下〜9/上	10/下〜12/中	渡辺採種場
	紅化粧		赤皮で中身は白肉。サラダ・酢漬け向き。	8/下〜9/上	10/中〜11/下	サカタのタネ
	三太郎		中ダイコン。作期が広く、つくりやすい。良食味	8/中〜9/中	10/中〜11/下	タキイ種苗
	紅くるり		皮も中身も赤色。サラダ・漬け物向き	8/下〜9/上	10/中〜12/中	松永種苗
	おむすビッシュ		おにぎり型の甘いダイコン。焼き大根としても使える	8/下〜9/上	10/中〜12/中	ナント種苗
	ホワイトスティック		甘味がありジューシー。サラダ向き	8/下〜9/上	10/中〜12/中	ナント種苗

煮物、薬味、サラダ……用途に適した品種を

全国的に青首主流のダイコンの世界ですが、私の場合、それ以外にも個性的な品種を、秋だけで10種類以上つくっています。

煮物向きの「早太り聖護院」、薬味として使える「からいね」、サラダ・酢漬け用の赤皮ダイコン「紅化粧」、サラダ用ミニダイコン「ホワイトスティック」、さらにおにぎり型の甘いダイコン「おむすビッシュ」など、用途別に適した品種を栽培します。緑、赤、黒、紫などカラフルな大根はサラダ用として人気があります。

カブ

蕪／*turnip*
アブラナ科アブラナ属
原産地＝ヨーロッパ沿岸部、アフガニスタン

来歴と特性

春の七草の一つスズナは、カブのことで、『日本書紀』に登場するほど古く、縄文時代後期から栽培されている野菜です。

根の白い部分には消化酵素のジアスターゼが含まれています。カルシウムが多く、塩分を排出するカリウムも含まれています。葉の部分には、カロテンやビタミンCとE、鉄分、食物繊維などが含まれていて、抗酸化成分の宝庫のような野菜です。

お正月にお節料理やお餅をたくさん食べた後に、カブの入った七草粥を食べたのは、とても理にかなった昔の人の知恵といえるでしょう。

全国各地に在来種や地域ブランドが多く、地方色豊かな漬け物や加工品の材料として利用されています。

たとえば、京都の千枚漬けには聖護院カブ、奈良は今市漬けの今市カブ、赤カブでは福井の大野カブ、岐阜の飛騨赤カブ、滋賀の日野菜《ひのな》カブ……じつにバラエティに富んでいます。

みずみずしさが命 白い小カブ、中カブ

カブの品種選びは、やはりやわらかさと甘味がポイント。とくに小カブ、中カブは、生でもみずみずしくて、「おいしい！」といわれるものを選ぶに限ります。

スワン

サラダカブといわれる小カブの「はくれい」「白馬」。中カブの「スワン」。そして「ゆきわらし」は姿が美しく、食味のよい品種です。

ゆきわらし

まるでフルーツ？ ピンクの「もものすけ」

赤カブは、かつては漬け物用として使われることが多かったのですが、直売所では辛味が少なく、浅漬けやサラダに適したものが好まれます。

表２－45　カブ

直売向き品種			特徴	播種期	収穫期	販売元
基本品種	小カブ	スワン	小カブから中カブまで。やわらかサラダカブ	2/下～4/下	4/上～6/中	タキイ種苗
				8/中～9/中	10/中～11/下	
		はくれい	元祖サラダカブ。甘味があり、やわらかい	2/下～4/下	4/上～6/中	みかど協和
				8/中～9/中	10/中～11/下	
		白馬	つくりやすい。サラダカブ	2/下～4/下	4/上～6/中	武蔵野種苗園
				8/中～9/中	10/中～11/下	
		ゆきわらし	葉がコンパクトで姿がよい。甘く、やわらかいカブ	2/下～4/下	4/上～6/中	カネコ種苗
				8/中～9/中	10/中～11/下	
	大カブ	京千舞	根こぶ病に強い京大カブ	8/下～9/上	11/中～12/中	タキイ種苗
人目を引く品種	あやめ雪		首部が紫色でツートン。やわらかで甘味ある	2/下～4/下	4/上～6/中	サカタのタネ
				8/中～9/中	10/中～11/下	
	もものすけ		食感がよいフルーツカブ。皮がミカンの皮のようにむける赤カブ。中身はモモの果肉そっくり	4/上～6/中	8/中～9/中	ナント種苗
				2/下～4/下	10/中～11/下	
	飛鳥あかね		奈良在来の細長型赤カブ。漬け物用	4/上～6/中	8/中～9/中	ナント種苗
				2/下～4/下	10/中～11/下	
	桜あかり		日野菜カブの交配種。漬け物用	4/上～6/中	8/中～9/中	丸種
				2/下～4/下	10/中～11/下	
	愛真紅３号		中まで赤みの入る赤カブ。中カブ	8/下～9/上	11/中～12/下	武蔵野種苗園

中でも人気が高いのは「もものすけ」。外皮が濃いピンクで、切れ込みを入れると、まるでミカンの皮のように簡単にむけます。中身は白地に濃いピンクのサシが入り、櫛形に切るとまるでモモの果肉のよう。とてもジューシーでやわらかなフルーツカブといえます。

郡山では、9月上旬から10月上旬に種をまき、11月上旬から翌年1月末ま

もものすけ

で収穫できます。

酢漬け、塩漬け　品種に適した食べ方を提案

「あやめ雪」は、首の部分が美しい紫色の紅白カブで、生でも美味。皮つきのまま着色部を残して料理に使うときれいに仕上がります。

赤カブ系で、中まで赤い「愛真紅《あいしんく》3号」は、酢漬けにぴったり。細長く、上の部分に濃いピンクのグラデーションがある「日野菜カブ」（タキイ種苗）は、滋賀県日野地方を中心に栽培される在来種として知られ、塩漬けに適しています。

あやめ雪

千枚漬け用の「京千舞《きょうせんまい》」は、根こぶ病に強い大カブです。逆に小さく丸い形の「みやま小かぶ」は、埼玉県飯能市の野口のタネ・野口種苗研究所が、東京の在来種の「金町《かなまち》」などの系統をかけ合わせてつくった固定種です。緻密で甘味のある肉質で、生でもやわらかくおいしく食べられるので特筆しておきます。

京千舞

このように、色も形もさまざまなカブには、それぞれの気候・風土に適したつくり方・食べ方があるので、お客さんが、それを楽しめるように提案しながら、販売していきましょう。

収穫したばかりのみやま小かぶ

ニンジン

人参／*carrot*
セリ科ニンジン属
原産地＝アフガニスタン北部

来歴と特性

ニンジンは身近な作物の中で、もっともカロテンを豊富に含む緑黄色野菜です。原産地はアフガニスタンの山岳地帯。今では誰もがオレンジ色の品種をイメージしますが、元になったのはアントシアニン色素をもつ紫色の品種でした。そこから黄色いものが生まれ、白やオレンジ色のニンジンが生まれたと考えられています。

東へ向かい、中国へ伝えられたのが、赤、黒、黄の東洋種で、日本の真っ赤な金時人参は、その中に属しています。

一方、西へ向かってヨーロッパに伝わったのは、おなじみオレンジ色の西洋種。これは明治期に入って本格的に日本に導入されました。

その後カレーやシチューなどの洋食が日本の家庭に広まると同時に、なくてはならない野菜となりました。

80年代、春夏の徳島、秋の北海道、冬の千葉と続く産地リレーが確立され、一年中新鮮なニンジンが出回るようになります。90年代、健康志向の高まりとともに、栄養価の高いニンジンへの注目度もアップ。ジュースの材料として食べる野菜から飲む野菜としての人気も高まっています。

ジュース用の甘味と栄養価の高い品種を

ニンジンは、かつて子どもたちがもっとも苦手とする野菜の一つでした。最近はあの特有の匂いが少なく、甘味のある品種が登場しています。

「ベーターリッチ」は、そんな食味と栄養価重視の品種の先駆け的な存在です。私自身、初めてこれを食べたときの、「ええっ！　ニンジンってこんなにおいしかったっけ!?」という衝撃が、今も忘れられません。これを多くの人たちに伝えたい。そんな思いから今もつくり続けています。

ニンジンを販売していて気づくのは、料理の材料としてだけでなく、ジュースにして飲んでいるお客さんが意外に多いこと。砂糖や甘味を加えずに、ジューサーで絞るだけで、そのままジュースとして飲める。そんなニンジンが求められているのです。

ニンジンは、一年中ニーズがある野菜なので、周年出荷できるように、品種を組み合わせて栽培しています。

3月下旬〜5月中旬に播種し、真夏に収穫しているのは、暑さに強い「みちのくの春」。真夏に種子をまいて、11〜12月には、「ベーターリッチ」「ひとみ五寸」「オランジェ」を収穫します。

収穫時期に寒さに当たることで、糖

表2－46　ニンジン

直売向き品種		特徴	播種期	収穫期	販売元
基本品種	みちのくの春	春まき用ニンジン。暑さに強く、つくりやすい	3/下～5/中	7/上～8/上	タキイ種苗
	ベーターリッチ	食味のよい秋冬どりニンジン	7/下～8/中	11/上～12/下	サカタのタネ
	ひとみ五寸	甘味が強く、ジュースなどの加工にも向く	7/下～8/中	11/上～12/下	カネコ種苗
	オランジェ	カロテンを多く含む甘味のあるニンジン	7/下～8/中	11/上～12/下	タキイ種苗
人目を引く品種	京くれない	京ニンジン系の交配種。栄養価の高いニンジン	7/下～8/中	11/上～12/下	タキイ種苗
	金美ＥＸ	黄色のニンジン。食べやすく色もきれい	7/下～8/中	11/上～12/下	みかど協和
	パープルスティック	紫色のニンジン。甘味も強い	7/下～8/中	11/上～12/下	朝日工業
	スノースティック	珍しい白色ニンジン	7/下～8/中	11/上～12/下	朝日工業
	イエロースティック	黄色の細長ニンジン。食べやすい	7/下～8/中	11/上～12/下	朝日工業

ベーターリッチ

みちのくの春

度が増すのが冬ニンジン。郡山ブランド野菜の一つ、西洋ニンジン系の御前《ごぜん》人参は、糖度が10度まで上がります。

赤・黄・紫・白カラフルな品種が登場

ニンジンの主流は西洋系五寸の品種ですが、色や形の違いでバリエーショ

京くれない

オランジェ

ンを出すこともできます。

郡山ブランド野菜の一つである「紅御前」は、紅赤色の東洋系ニンジン。もともと日本の在来種だった金時ニンジン（京ニンジン）と五寸ニンジンを交配して生まれた新品種。京ニンジンの紅色と五寸ニンジンの栽培しやすさを併せ持った品種です。

あざやかなレモンイエローの「金美EX」も人気品種。ニンジン特有の匂いがなく、食べやすいのが特徴です。

果皮が紫色、中はオレンジ色の「パープルスティック」は、ポリフェノールを含んだ糖度の高い品種。クリームシチューに入れて煮込むと、白いはずのシチューが紫色に……。この色を生かした料理を提案したいところです。

近年は、さらに珍しい「スノースティック」という白いニンジンも登場しています。スティック状にカットするだけで、カラフルニンジンのバーニャカウダが楽しめます。

ゴボウ

牛蒡／*edible burdock*
キク科ゴボウ属
原産地＝ユーラシア大陸北部

来歴と特性

ゴボウの原産地は、ユーラシア大陸北部といわれていて、ヨーロッパからシベリア、中国北東部にかけて野生種が分布しています。

中国では、古くから薬用として使われていました。日本へは縄文時代に薬種として中国から伝わり、平安時代後期には食用にもなっていたようです。

ゴボウを食用としているのは、日本と台湾、韓国の一部だけで、欧米では食べられていません。太平洋戦争中、アメリカ人の捕虜に食べさせたところ「木の根を食べさせられた」と虐待と勘違いされたといいます。

それでも食物繊維が豊富なゴボウは、胃腸のはたらきを整えるイヌリン、血糖値の上昇を抑えるリグニン、抗酸化作用のあるタンニン等を含んだ、りっぱな健康野菜です。

調理のさいは、ゴボウ特有の芳香を生かすこと、皮側のうま味をのがさないようにすることが。ポイントです。皮は包丁の背でこそぎ落とし、身は切りながら20分ほど水にさらしてアクを抜きます。

土壌を選ばずつくれる「てがる」

ゴボウは秋冬が旬の作物で、70㎝～1ｍの長根種が一般的です。これだけまっすぐ根が伸びるには、作土が深くやわらかい圃場が適していますが、長い根を折らずに掘り出すのは大変で、産地の専業農家が栽培しているものが多く出回っている中、私はおもに短根種で30～50㎝の「てがる」をつ

表2－47　ゴボウ

直売向き品種		特徴	播種期	収穫期	販売元
基本品種	美肌牛蒡	アクの少ない白肌ゴボウ。肉質がやわらかで、サラダゴボウとしても利用される	4/中～ 5/中	9/下～ 11/中	佐藤政行種苗
基本品種	柳川理想	白肌で肉質やわらか。形質、肌色とも良好。春秋まき兼用種。長ゴボウの定番品種として根強い人気	4/中～ 5/中	10/上～ 11/中	タキイ種苗
人目を引く品種	てがる	香りがよく、長さ30 ～ 40㎝。100日で収穫	4/上～ 7/上	8/中～ 12/下	柳川採種研究会

くっています。

作土層の浅い畑や粘土質の畑でも栽培できます。また、種をまいてから100日くらいで収穫できる早生種で、つくりやすいのが特徴です。

肌が白くアクが少ないので、きんぴらや煮物はもちろん、さっとゆがいてサラダ感覚で食べられ、料理のレパートリーが広いすぐれもの。やわらかくて風味もよく、ゴボウ本来の味が楽しめます。

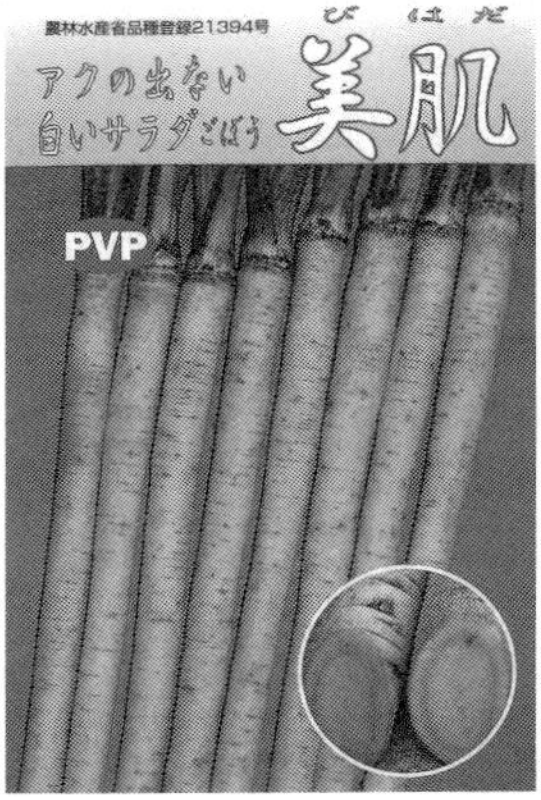

美肌牛蒡

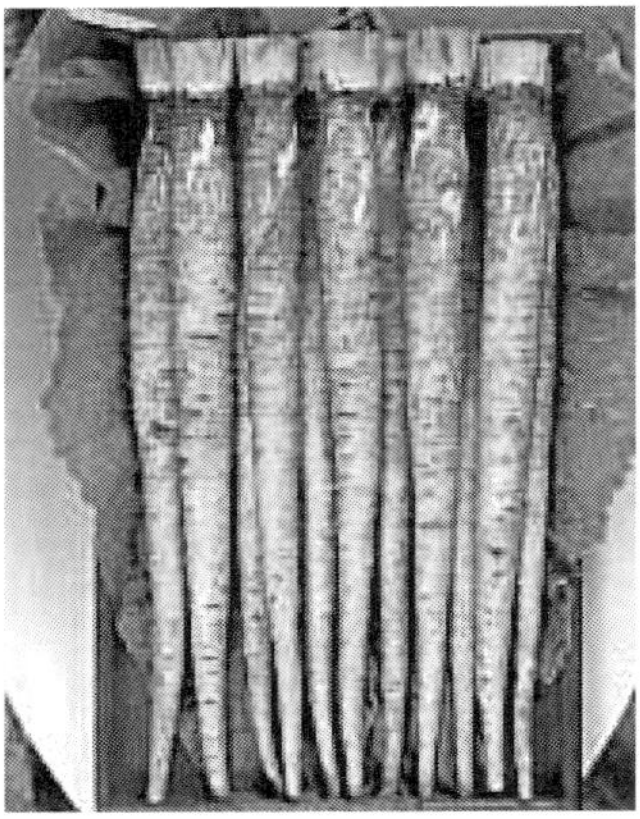
てがる

白肌とやわらかな肉質が好まれる長ゴボウ

「美肌牛蒡」は、肌色が白く肉質がやわらか。アクが少ないので、お客さんに好評です。洗ったときに黒ずんだままのものより、より白くなるほうが好まれるようで、サラダゴボウとしても利用されます。

「柳川理想」も白肌で肉質がやわらか。春まき用、秋まき用の兼用種ですが、今や長ゴボウの定番品種としてお客さんから求められています。

サツマイモ

薩摩芋／*sweet potato*
ヒルガオ科サツマイモ属
原産地＝中南米

来歴と特性

サツマイモはヒルガオ科サツマイモ属の一年生の作物で、原産地はメキシコ中部。日本には17世紀初頭、琉球を経て、薩摩に伝わり、青木昆陽が救荒作物としてその普及に尽力しました。

やせた土地でも栽培でき、各地でたびたび起きた凶作や飢饉から人々を救い、全国に広まりました。

イモの部分は不定根と呼ばれる根が肥大したもので、食用の他、でんぷんやアルコール・焼酎の原料に利用されています。

栽培するときは、生長点培養したウイルスフリー苗を、6月初旬に植えつけます。サツマイモは〝お助けイモ〟と呼ばれるとおり、地力のないやせた土地でもよく育ちます。逆に、窒素成分の多い肥えた畑では、葉や茎ばかりが育つ蔓ボケ状態になり、イモが育たなくなります。

畑を選んで、肥料をコントロールするのが栽培のポイントです。

基準のイモから「薬イモ」まで

サツマイモは、粉質でホクホクした食感の高い品種が好まれます。東日本で人気の「ベニアズマ」は、その代表のような品種で、直売所に欠かせない存在です。粉質系の「ベニアズマ」に対し、しっとり系の「べにはるか」が人気上昇中です。

べにはるか

徳島名産の「なると金時」は、甘味が強くねっとり感があります。また、鹿児島県種子島の在来種「安納芋」は、加熱すると蜜のようにねっとりした食感が人気を呼んで、全国的に広まっています。

この他、アントシアニンを多く含んだ「パープルスイートロード」や、食感がなめらかで舌ざわりのよい「シルクスイート」という品種も。でんぷん質が高く、焼酎の原材料として使われる「コガネセンガン」は、果肉は白っぽいのですが、焼きイモにすると美味です。また、葉や茎を食用とする「すいおう」には、目によいとされるルテインという成分が含まれています。「シモン1号」は、別名薬イモ、カイアポとも呼ばれていますが、ほとんどの微量要素を含み、ビタミンKや葉酸

表2－48　サツマイモ

	直売向き品種	特徴	播種期	収穫期	販売元
基本品種	ベニアズマ	青果用一般種。粉質系。多収	5/中～6/上	10/上～10/下	各社
	べにはるか	人気のしっとり系サツマイモ	5/中～6/上	10/上～10/下	各社
	シルクスイート	甘味の強いしっとり系。ウイルスフリー苗で良品質	5/中～6/上	10/上～10/下	カネコ種苗
人目を引く品種	安納芋	しっとり系のブランドイモ	5/中～6/上	10/上～10/下	各社
	パープルスイートロード	紫イモ。つくりやすい	5/中～6/上	10/上～10/下	各社
	すいおう	葉・茎を食べる。ルテイン豊富	5/中～6/上	10/上～10/下	各社
	コガネセンガン	焼酎用。焼きイモでも食味良	5/中～6/上	10/上～10/下	各社
	シモン1号	薬イモと呼ばれる。葉・茎・イモすべて利用可	5/中～6/上	10/上～10/下	福種

を多く含んでいて、抗酸化成分が強いのが特徴です。決して甘味は強くないのですが、健康野菜の一つとして、健康に関心が高いお客さんに人気。売り場に並べると、すぐ売り切れてしまいます。

パープルスイートロード

シルクスイート

栽培のヒント

低温と乾燥を避けて保存しよう

おいしいサツマイモは、皮にハリがあり、キズやシミがなく、皮の色が均一なもの。表面に蜜が浮いて固まっているのは、糖度が高い印です。

サツマイモは、低温と乾燥に弱いので、保存するときは、新聞紙などに包み、13～16℃の風通しのよいところに保管しましょう。

ひげ根が多いものは、繊維質が多く、少ないものは口当たりがよいです。収穫後すぐより、1～2週間たったもののほうが、でんぷん質が糖化して、甘くなっています。

65～75℃で約10分加熱すると、より甘くなります。焼きイモや蒸しイモ、スイーツの材料としても活躍。秋冬の健康食として、欠かせない存在です。

ジャガイモ

馬鈴薯／*potato*
ナス科ナス属
原産地＝南米アンデス高地

来歴と特性

ジャガイモの原産地は、南米のアンデス山脈の高地。スペイン人がヨーロッパに持ち込んで、世界中に広がりました。

日本に伝わったのは16世紀末。オランダ人によってジャワ島からもたらされたので、ジャガタライモが転訛してジャガイモと呼ばれるようになったといわれています。

ジャガイモはやせた土地や寒冷地でも栽培しやすく、簡単な調理法で食べられるので、米など主食の代用食として広く栽培されるようになりました。サツマイモ同様、江戸時代の飢饉のときには〝お助けイモ〟として、重宝されました。

ジャガイモには、ビタミンCやでんぷんが多く含まれ、加熱してもでんぷんに保護されて、ビタミンCが壊れにくい性質があります。

「キタアカリ」は種イモ売れ筋No.1

日本では、粉質でホクホクした食感が持ち味の「男爵」。肉質がなめらかで煮くずれしにくい「メークイン」。このふたつを中心に、栽培されていました。

ナス科のジャガイモは、連作障害が出やすい植物です。とくにジャガイモシストセンチュウが増殖すると、収量が極端に低下します。そのため、かつては4～5年の間をあけて輪作しなければ、栽培できませんでした。

このジャガイモシストセンチュウに抵抗性をもつ品種の改良が進められ、1987年に誕生したのが「キタアカリ」でした。

「キタアカリ」は、イモの果肉が黄色で、芽の部分は赤紫色をしています。

男爵

メークイン

収量は「男爵」よりも多く、でんぷん質で、食味もすぐれていますが、煮くずれしやすいイモでもあります。

ビタミンCの含有量は「男爵」の1・5倍。ホクホクして濃厚な味わいがあり、えぐみもなく、サツマイモに似たよい香りがします。

皮付きのまま蒸してサラダにしたり、粉ふきイモにしたり。ラップに包んで電子レンジで加熱すれば、煮くずれの心配もありません。

キタアカリ

シャドークイーン

インカのひとみ

さやか

わが家の種苗店での種イモの売れ行きは、「男爵」や「メークイン」を追い抜いて「キタアカリ」が断トツのトップに輝いています。

別名デストロイヤー 美味な「グランドペチカ」

「グランドペチカ」は、皮の色が紫色で、芽の出る部分が赤という、とても珍しい品種です。花も濃い紫色で、雄しべは黄色と美しいのです。ただ、見た目がなつかしのプロレスラーに似ているのでデストロイヤーとも呼ばれています。

これは赤皮の「レッドムーン」の突然変異種で、食味のよさから選抜と増殖が進められ、新たに品種登録されました。

中身はとてもきれいな黄色で、とてもおいしいのです。収穫直後はホクホクで、保存するとねっとり感が出てとても甘く、まるでサツマイモのようで

表2－49　ジャガイモ

直売向き品種			特徴	播種期	収穫期	販売元
基本品種	早生	男爵	日本でもっともつくられているジャガイモの王様。粉質	3/下	7/下	各社
		キタアカリ	人気Ｎo.1。芽が赤く、肉質はきわめて粉質でホクホク感強い	3/下	7/下	カネコほか
		とうや	舌ざわりがよい。煮くずれしにくいため調理しやすい。サラダ向き	3/下	7/下	各社
	中生	メークイン	肉質は粘質。煮くずれしにくい	3/下	8/中	各社
人目を引く品種	極早生	インカのめざめ	アンデス生まれのジャガイモで､栗のような色と風味。煮物､お菓子の素材に向く。一番早くとれる極早生	3/下	7/中	各社
		インカのひとみ	インカのめざめの改良形。栗のような風味	3/下	7/中	各社
	早生	十勝こがね	加熱すると甘味が出る。とくに揚げるとおいしくなる。フライドポテト向き	3/下	7/下	各社
	中生	さやか	芽が浅く白く調理向き。ポテトサラダ向き	3/下	8/中	各社
		シンシア	フランス生まれ。煮くずれしない。風味良	3/下	8/中	各社
		グランドペチカ	しっとり系。甘味のあるジャガイモ（旧名・デストロイヤー）	3/下	8/中	各社
	晩生	シャドークイーン	紫色のジャガイモ。アントシアニンが豊富	3/下	8/下	各社

注）種イモを直まき

す。

火の通りがよく、煮くずれしにくいので、煮物や揚げ物に適しています。

私の農場でも、10種類近くつくった中で、注目度No.1は、このグランドペチカ。レストランなど業務筋からも、絶大な支持を得ています。

栽培面から見ても、中生種でつくりやすい品種なので、農家はもちろん、家庭菜園にもおすすめです。

色も形も個性派!?
新品種が登場

近年、ジャガイモは、ジャパンポテトなどをはじめとする種苗会社が、世界の品種を集めて次々と新品種として世に出しています。「インカのひとみ」「インカのめざめ」「チェルシー」「シャドークイーン」「シンシア」など、色も形も個性的な品種が次々登場しています。

サトイモ

里芋／*eddoe*
サトイモ科サトイモ属
原産地＝インド、ネパール、マレー半島周辺

来歴と特性

サトイモは、山に自生する山芋に対して、里で人が栽培していることから名づけられたといわれています。芋と呼ばれているので、私たちが食べているのは根っこだと思いがちですが、じつは根ではなく、茎が太った部分なのです。

原産地はインドからマレーシアにかけて。その中でも比較的寒さに強いものがアジア北部へ広がりました。日本ではもっとも古くから栽培されている作物の一つで、その歴史は縄文時代中期にさかのぼるといわれています。栽培の北限は、南東北まで。北海道にはありません。連作障害が出やすいので、3～4年の輪作がよいでしょう。

西日本の「石川早生」東日本の「土垂」

サトイモは、親イモからできる小イモを食べる「石川早生」、また親イモ、小イモの両方を食べる八つ頭やえび芋、親イモを食べるたけのこ芋、そして茎を食べるはすいもに分けられます。

郡山産の「土垂《どだれ》」は「石川早生」群に属している小イモを食べるタイプです。葉の先端が長く伸びて、地上の土の部分まで垂れ下がるので「土垂」と呼ばれるようになりました。

「土垂」は、強いぬめりが特徴的な品種です。一般的な小イモより少し細長くなり、ねっとりした食感があり、煮物や汁物にぴったりです。

西日本で広く栽培されている「石川早生」がほっくり系なのに対し、東日本ではねっとりした「土垂」が好まれるようです。

地方色豊かな品種もそろえよう

「里芋」というだけあって、それぞれに地方の特色を如実に反映している作物でもあります。

京野菜の「えび芋」は、イモがエビのように反り、赤い縞模様があるので、こう呼ばれています。でんぷん質でやわらかく、煮ると粘りが出ます。

細長い「タケノコ芋」は、粉質でやわらかく、煮ると粘りが出ます。

また、福井県大野地方の「大野イモ」は、粘質でとくに美味です。愛知産の「女早生《おんなわせ》」は、粘りがあり、食味もよいので人気です。

種イモの保存に注意 ハウスで早出しも

表2－50　サトイモ

直売向き品種		特徴	播種期	収穫期	販売元
基本品種	土垂	関東の主流。白芽で粘質	4/中～5/上	9/下～11/中	カネコ種苗
	石川早生	早生で、肉質がとくによい	4/中～5/上	9/下～11/中	各社
	愛知早生	長卵形で煮物などに向く	4/中～5/上	9/下～11/中	各社
人目を引く品種	セレベス（赤芽大吉）	芽が赤く、粉質でやわらかい	4/中～5/上	9/下～11/中	各社
	ハツ頭	もっとも大きく、ずいきも利用	4/中～5/上	9/下～11/中	各社
	大野イモ	福井県大野地方の特産品	4/中～5/上	9/下～11/中	各社
	女早生	愛知県特産品。食味優良	4/中～5/上	9/下～11/中	各社
	えび芋（唐の芋）	土寄せでエビ型になる。やわらかく煮ると粘りが出る	4/中～5/上	9/下～11/中	各社
	タケノコ芋（京イモ）	粉質で煮物に向く	4/中～5/上	9/下～11/中	各社

注）種イモを直まき

えび芋

土垂

東北でサトイモを栽培するとき、もっとも難しいのは種イモの保存です。貯蔵適温は5～13℃ですが、寒いと凍ってしまうし、暖かすぎると芽が出てきます。また、種イモは冬の間も呼吸しているので、密閉したら窒息してしまいます。

今は、毎春種イモを購入するようになりましたが、かつてはわが家でも、畑に大きな穴を掘って、モミ殻と土をかけて保存して、保存できない農家の方に販売していたこともあります。地表水の排水に十分留意し、種イモを株ごと下向きになるように詰め込むと、畑が最適の貯蔵庫になります。

サトイモは、10月から冬にかけて出荷しますが、それより早く出せば高値で販売できます。早生種の「石川早生」「愛知早生」などを、春の早い時期にハウスやトンネルの中で温床を使って芽出ししてから定植すると、8月下旬～9月に出荷できます。

ヤマイモ、ナガイモ

山芋、長芋／*Japanese yam*
ヤマノイモ科ヤマノイモ属
原産地＝中国

来歴と特性

ヤマイモとヤマノイモの違いをご存じですか？

山野に自生している自然薯《じねんじょ》をヤマノイモ、これを元に育種して、栽培されている品種をヤマイモといいます。

ヤマイモは、ヤマノイモ属の蔓性植物のうち、栽培種としてつくられたものの総称。もともと中国原産ですが、日本には17世紀以前に中国から渡来しました。

まだサツマイモやジャガイモのなかった時代、日本のイモといえばもっぱらサトイモかヤマイモだったのです。

ヤマイモは、消化吸収を助けるぬめり成分のムチンやビタミンB、C、カリウム、食物繊維などがバランスよく含まれた健康食材です。

粘りと甘味で品種を選択

ヤマイモの品種選びのポイントはやはり粘りと甘味。粘りは、ナガイモ→ねばり芋→姫神芋→つくね芋の順で強くなっていきます。

ナガイモのようにサラリとしているものはとろろご飯、姫神芋、つくね芋のように粘りの強いものは、とろろ汁やてんぷらに向いています。

実際に郡山では、おもにナガイモ、ねばり芋、姫神芋、つくね芋の4種類が栽培されています。

《ナガイモ》 長さ80～100cmに達する徳利型のイモで、日本でもっともポピュラーな品種です。水分が多く粘りが少ないので、山かけやあえ物、サラダなどがおすすめです。

《ねばり芋》 ナガイモを改良してつくられた、近年人気の商品。長さは50～60cmと短型で、栽培しやすいのが特徴です。歯ざわりがよく、ヤマイモよりも粘りと甘味があります。

《姫神芋》 郡山ではとっくり芋と呼ばれていて、土壌の条件により、ゲンコツ型やグローブ状になります。粘りがとても強いので、そばのつなぎなどに適しています。

作土層が浅く、粘土質の土が多い郡山では、収穫しやすいので、いたるところで栽培されています。

《つくね芋》 京都をはじめ、関西で多くつくられている品種。丸いボール状のイモです。ヤマイモの仲間の中でも、もっとも粘りが強く、すりおろすとまるで餅のようです。濃厚な甘味とコクがあり、京料理によく使われる高級食材。形が丸いので収穫が楽で、栽培しやすい品種です。

ヤマイモの栽培で重要なのは土質。

表2－51　ナガイモ、ヤマイモ

直売向き品種		特徴	播種期	収穫期	販売元
基本品種	長いも	長さが70～80㎝にもなる。ケース栽培などでつくる	4/下～5/上	11/中～	佐藤政行種苗
	ねばり芋	ナガイモより短く、粘りを強くした。つくりやすい	4/下～5/上	11/中～	佐藤政行種苗
	姫神芋	グローブ状のイモで、粘り強い。作土が浅くても栽培可	4/下～5/上	11/中～	佐藤政行種苗
	山の芋（ツクネイモ）	粘りが大変強い。初期生育を助けてやると大きくなる	4/下～5/上	11/中～	佐藤政行種苗
人目を引く品種	ジネンジョ	粘りが大変強く、特別の形状を有する	4/下～5/上	11/中～	カネコ種苗

注）種イモを直まき

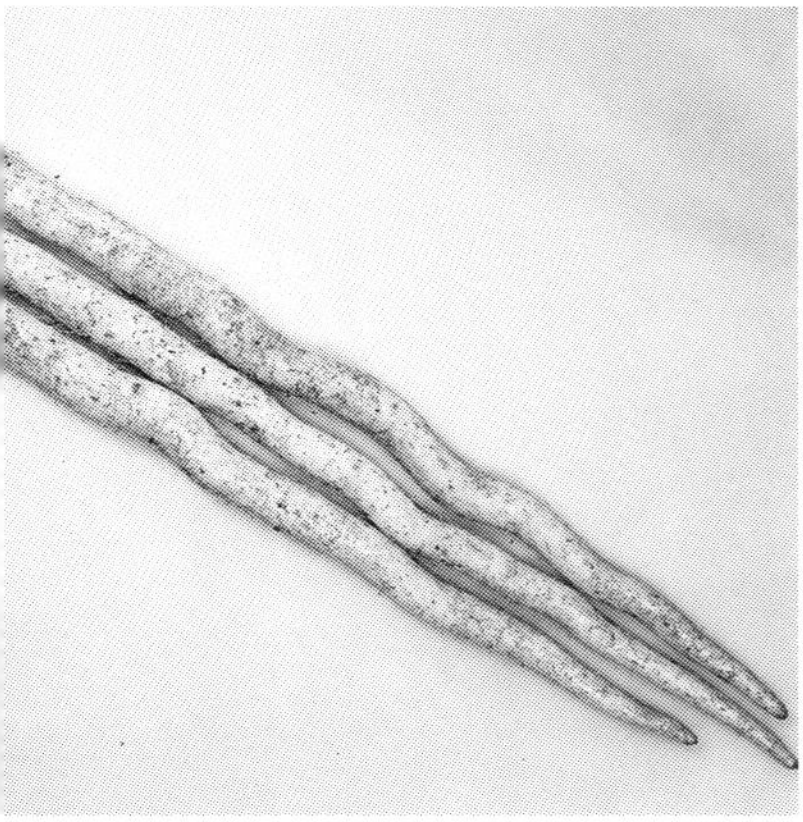

ジネンジョ

姫神芋

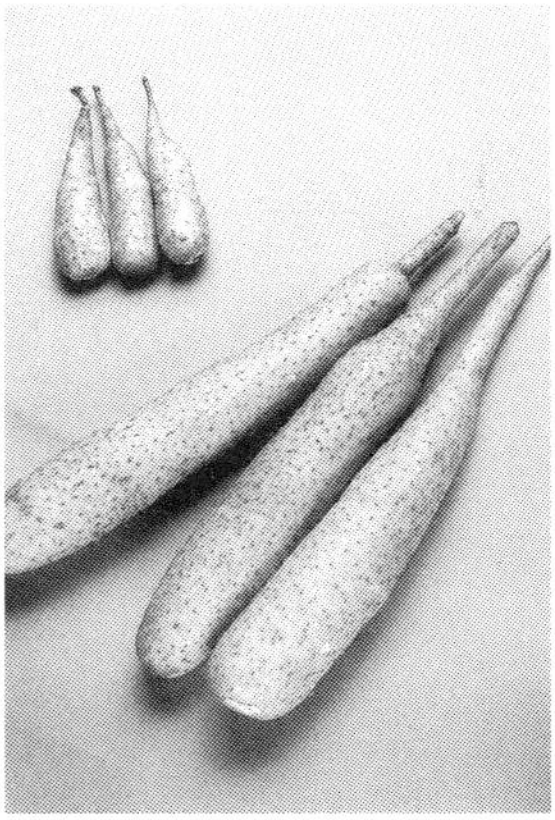

ねばり芋

砂状土で作土層が深いほどつくりやすく、長いイモができます。このような土質はナガイモ、ねばり芋に、作土層の浅い畑には、姫神芋やつくね芋が向いています。

郡山での旬は、春と秋の2回。3～4月の春の収穫は、冬越しのイモでとくに味がのっていて、おいしくなります。

ジネンジョにも挑戦しよう

ジネンジョは本来山から掘ってくるもので、大変貴重なものでした。しかし今では、専用の栽培容器とウイルスフリー苗を利用して、畑で栽培することもできます。

栽培したジネンジョは、天然物に比べまっすぐで、料理しやすいので、直売所でも人気が高い商品です。

ツルにたくさんつくムカゴもまた副産物。こちらも販売に活かしましょう。

ショウガ

生姜／*ginger*
ショウガ科ショウガ属
原産地＝熱帯アジア

来歴と特性

ショウガは、熱帯アジア原産の多年草で、根茎がもつ清々しい香りと、シャープな辛味が特徴です。

中国やアジアでは生で使うことが多いですが、ヨーロッパでは乾燥したスライスが多く使われています。

肉の臭みを消すだけでなく、辛味成分のジンゲロールには、血流を促進し、冷え性の改善や免疫力を高める効果があります。

大小のショウガを使い分ける

ショウガは根茎の大きさで、大ショウガと小ショウガに分けられます。大ショウガほど辛味が弱く、小ショウガほど辛味が強いという特性があります。

大ショウガと小ショウガでは、適した料理も異なるので、それを踏まえたうえで売り方を考えましょう。

大ショウガは家庭で一般的に使われているショウガで、代表的なものに「お多福ショウガ」「土佐大ショウガ」があり、大きな根茎を掘り出して一株150～200gで販売します。

小ショウガには、焼き魚などに添える「はじかみ」用に、和食の料理人からの引き合いが多くなります。「はじかみ」に箸をつけないことが多いそうですが、「今日は地元産を使いました」と一言添えると、たいていの方が食べてくださるそうです。

小ショウガは、「三州ショウガ」「在来ショウガ」「金時」が、おすすめです。

表２－52　ショウガ

直売向き品種			特徴	播種期	収穫期	販売元
基本品種	大	お多福ショウガ	根茎が大きく、さわやかな辛味。芳香あり。薬味、漬け物に使用	4/下	9/上～	各社
		土佐大ショウガ	お多福ショウガよりさらに大きく多収	4/下	9/上～	タキイ種苗
	小	三州ショウガ	在来に比べ、塊茎の肥大はよい。生食として利用。辛味が強い	4/下	9/上～	カネコ種苗
		在来ショウガ	芽数が多く、葉ショウガとして利用。辛味が強い	4/下	9/上～	カネコ種苗
		金時	塊茎は褐色で株元があざやかな紅色。辛味が強い	4/下	9/上～	カネコ種苗

注）種イモを直まき

第３章

収益増は品種選びと組み合わせ方しだい

ブロッコリー、キャベツなどをハウスで育苗

早出し・遅出し・差別化を

「いつ求められるか」に照準を合わせる

一般的に農産物直売所での値付けというのは「自由」です。つまり栽培した人が好きな値段で売っていい。でも実際問題、好きな値段で自由に売るわけにはいかない難しさがあるのです。

たとえば、夏場の直売所はスイートコーンだらけ。どの生産者も同じ品種を、同じ金額で販売していたりします。どの直売所にも、プライスリーダーのような人がいて、その人が値段を下げると、他の人も合わせていっせいに下げる。自分の分だけが売れ残るのを避けるためです。

「今日はあの人が30円下げた。オレも下げなくちゃ」「せっかく値段を下げたのに売れ残ってしまった」

そんなときは、気分も落ち込みます。そうならないために、いかにみんなが出す前に出すか。または、みんなの分がなくなってもまだ出せるかを考えます。

それは同じ品目でも旬を先取りして、早生や極早生品種をつくる。はしりや旬が終わっても、まだ出荷できる晩生の品種をつくるということです。それにはやはり、品種とその特性をよく知っていることが大事です。

たとえば人気商品のブロッコリー。他の農家は、10月末～11月に収穫期を迎えて、出荷が集中します。私の場合、その時期を外して9月末から出荷できる「ピクセル」「夢ひびき」、他の農家の出荷が終わってから収穫が始まる「グランドーム」を作付けします。とくに、12～1月に出荷できる「グランドーム」は、クリスマスのパーティーや宴会シーズンによく売れます。

こんなふうに農家が「いつ、つくりたいか」ではなく、お客さんにその野菜を「いつ求められるか」、お客さんが「いつ欲しいか」に照準を合わせていくことも、必要なのです（**図3－1**）。

図3－1　いつ収穫できるかで品種を選ぶ（ブロッコリーの例）

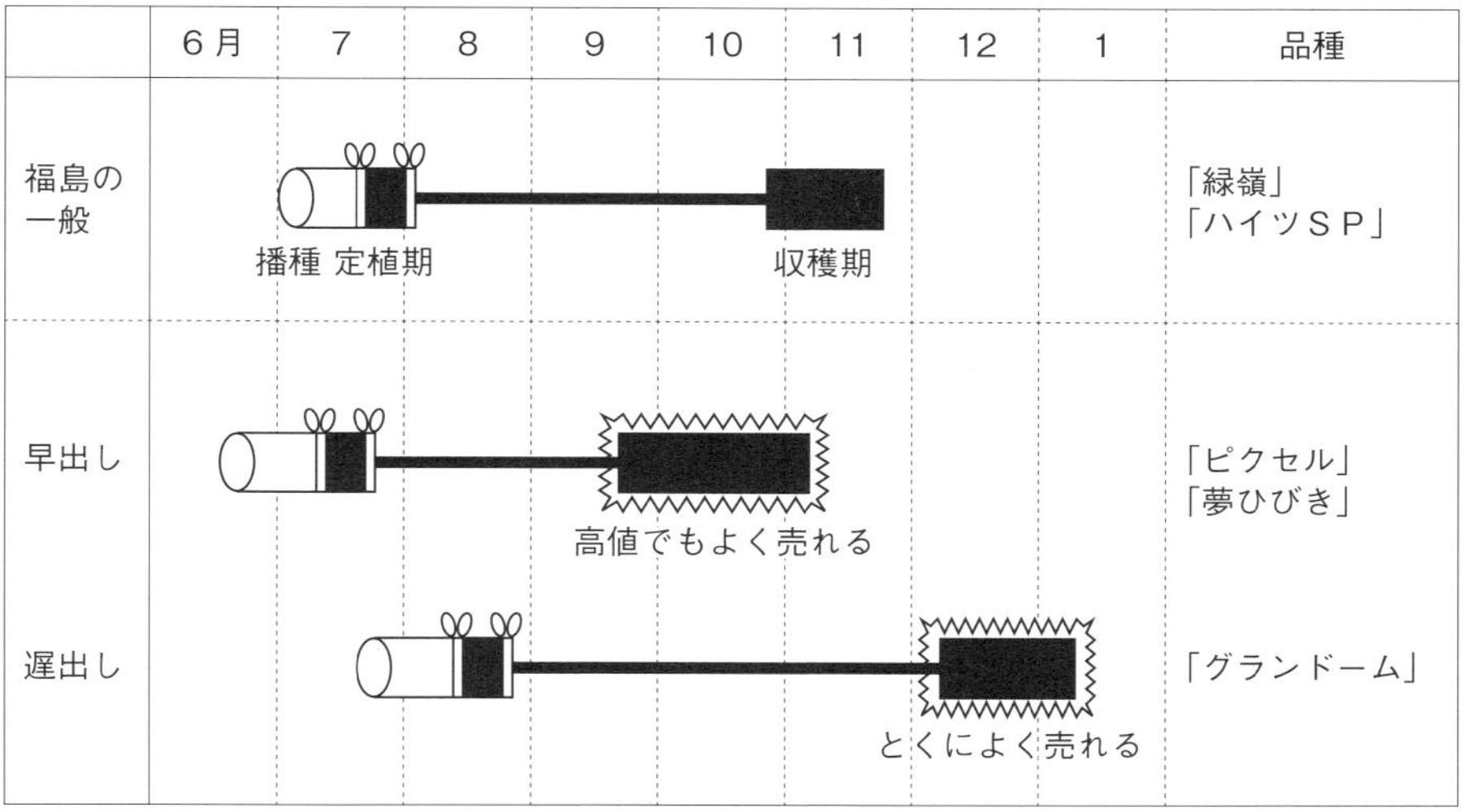

早生ブロッコリーの「ピクセル」「夢ひびき」は一般的な「緑嶺」や「ハイツ」に比べ早く収穫ができ、「グランドーム」はよく売れるクリスマス時期に収穫できる

旬の時期には差別化をはかる

もう一つ。出荷がみんなと重なる旬の時期は、同じ品種ではなく、差別化できるものを選びます。

たとえば「千両二号」という、ナスの定番品種があります。ベテランの農家ならたいがいつくっている。そこで新人が同じ品種をつくっても、収量でも品質でも、負けてしまいますし、思うような値段はつけられないでしょう。でもそこで、色つやのよい「あのみのり2号」や、生でも食べられるサラダナスを出したら、

「おや？　ここのナスは違うぞ」

と、単価が他より50円高くても、買ってくれる人はいるものです。

だから、常に信頼できる種屋さんから情報を得て、試作することも大事です。今はネットで新品種の情報を得ることも可能ですが、品種で差別化をはかっても、どんなナスなのか、どうして50円高くても買う価値があるのか、買う人に伝わらなければ意味がありません。ポップやラベルの表示にも工夫が必要

表３－１　野菜と品種のピックアップ例

つくりたいものや高く売れそうなものなど分類しながら、気楽に次々と挙げている

野菜	A：メインでつくりたい品種	B：得意なものや高く売れそうな品種	C：新しくつくってみたい品種
スイートコーン	味来 946 おおもの ドルチェヘブン	ドルチェビアンコ ピクニックコーン	わくわくコーン 黒もちとうもろこし
エダマメ	湯あがり娘 ゆかた娘	陽恵 味風香 秘伝	味自慢
トマト	ミニョン・CF プチぷよ サンロード フルティカ	ぜいたくトマト シシリアンルージュ	しましまみどり ブラッディタイガー
キュウリ	風神	フリーダム シャキット	ミニＱ ラリーノホワイト
ナス	あのみのり２号 美男	ヴィオレッタ・ディ・フィレンツェ マー坊 ごちそう ガンディア	白ナス（フレンチ） 埼玉青大丸

です。

一品目を3ランクに分けよう

続いて同じ品目の一つの品目を、三つのランクに分けてリストアップしていきます。

- **Ａランク**　経営の軸となる基本品種。全体の７〜８割を占める。
- **Ｂランク**　Ａほどではないが、得意な品種や、高収益が見込める品種。目先を変えたり、次のＡランク候補としての試作も兼ねる。２割程度。
- **Ｃランク**　新たに挑戦したい品種。超レアもので、他につくっている人はめったになく、「あのシェフに試してほしい」ものなど。１割未満。

の三つ。Ａ：Ｂ：Ｃの比率は、７：３：１と考えましょう。

この比率は、毎年少しずつ変わっていきます。たとえばミニトマトの「ＣＦぷちプヨ」。もともとＣランクで、少しだけ栽培していたのですが、他のトマトにはない食感と、愛らしい形が受けて、思いのほかたくさん売れるようになりました。Ｂランク

を超えて、今やAランクの位置づけです。

そして紅ダイコンの「紅化粧」と「紅くるり」。最初はCランクの位置づけで、「そんなに売れるかな?」と思っていたのですが、売り場に並べてみたら、意外に好評で、後にBランクに格上げになりました。

逆に期待してつくってみたけれど、ランク落ちしたり、ランク外に落ちるものもたくさんあります。こんなふうにBやCランクの品種には、試験栽培の意味もありますし、お客さんの動向をつかむきっかけにもなるのです。

それから豆粒ほどの大きさの「マイクロキュウリ」。一部のマニアックな料理人さんに、とても喜んでいただいているのですが、一般向けに大量につくって、たくさん売れるものではありません。それでも、マルシェやあぐり市に並べておくと、

「うわ、ちっちゃいキュウリ!」

「おもしろい」

と、いろいろな人がブースの前に足を止めるきっかけにもなります。とくに他の生産者も出店しているマルシェなどでは、少量でもそんな「人目を引く品種」の客寄せ効果が、意外に役立っています(表3−1)。

高値をねらう あの手この手

まずは一品目でリレー栽培

わが家の夏の売れ筋商品は、スイートコーンとエダマメ。この二つは絶対に外せませんし、品切れも許されません。播種や育苗も10日単位で時間差をつけて、細かく、細かく、極早生品種から、晩生まで品種を切り替えながら、間を空けないようにつないでいきます。

【エダマメ】

最初の播種は3月下旬から4月上旬にかけて。マルチとトンネルが必要。うちの場合はすべて苗をつ

図3－2　エダマメの作型例

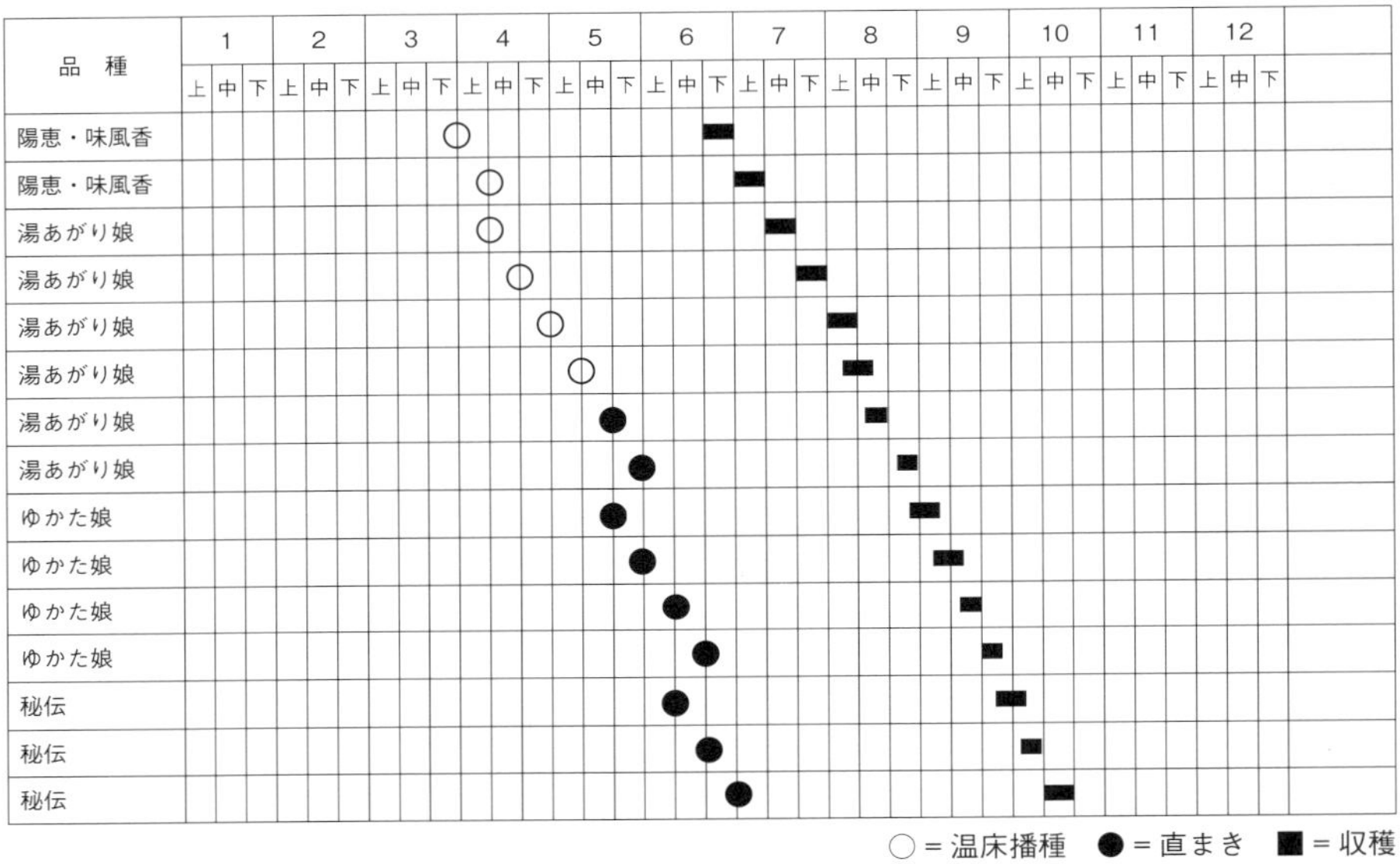

くって定植するスタイルです。早生の「陽恵」「味風香」に始まり、最初に出荷するのは6月下旬。5月半ばから種子は直まきに切り替えます。ビールのおいしい7～8月は、人気の高い「湯あがり娘」「ゆかた娘」をどんどん出荷して、シーズン終盤は晩生の「秘伝」へとつないでいきます（図3－2）。

【スイートコーン】

これも夏場の外せない商品。スイートコーンは順番にまいていけば、それなりにできます。「早出し」と「普通」と「抑制」の3段階に分けて、播種を11回に分けておこないますが、前半は苗をつくって定植。中盤以降は直まきで栽培しています。早生の「味来946」に始まって、大きくて人気の高い「おおもの」。そして晩生の「ゴールドラッシュ」へ。鮮度が命の商品なので、朝どりしたものをできるだけ早く売り場へ運びます。こうして7月上旬から10月中旬まで、めいっぱい販売しています（図3－3）。

【ブロッコリー】

品薄な6月下旬の早出しをねらって、2月末、ハ

図３－３　スイートコーンの作型例

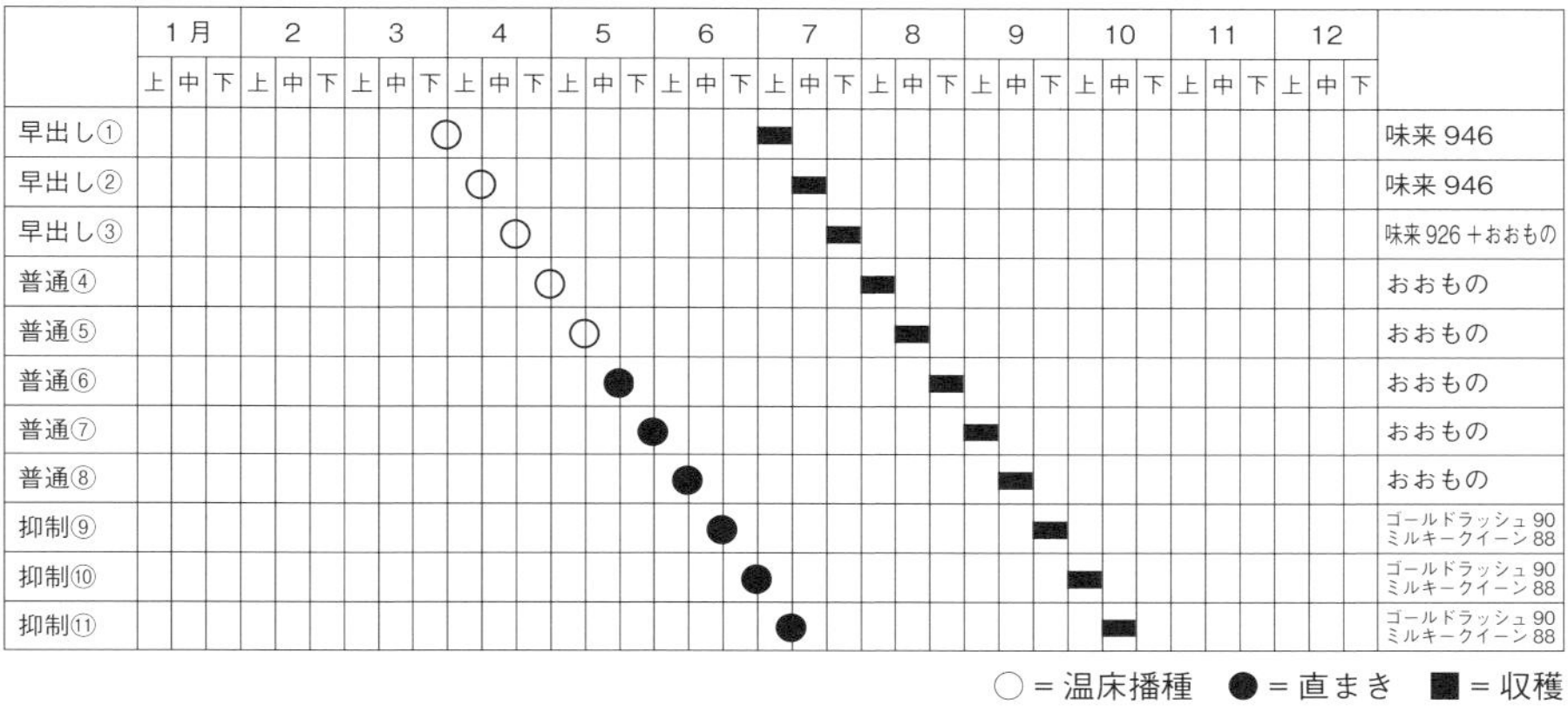

図３－４　ブロッコリーの作型例

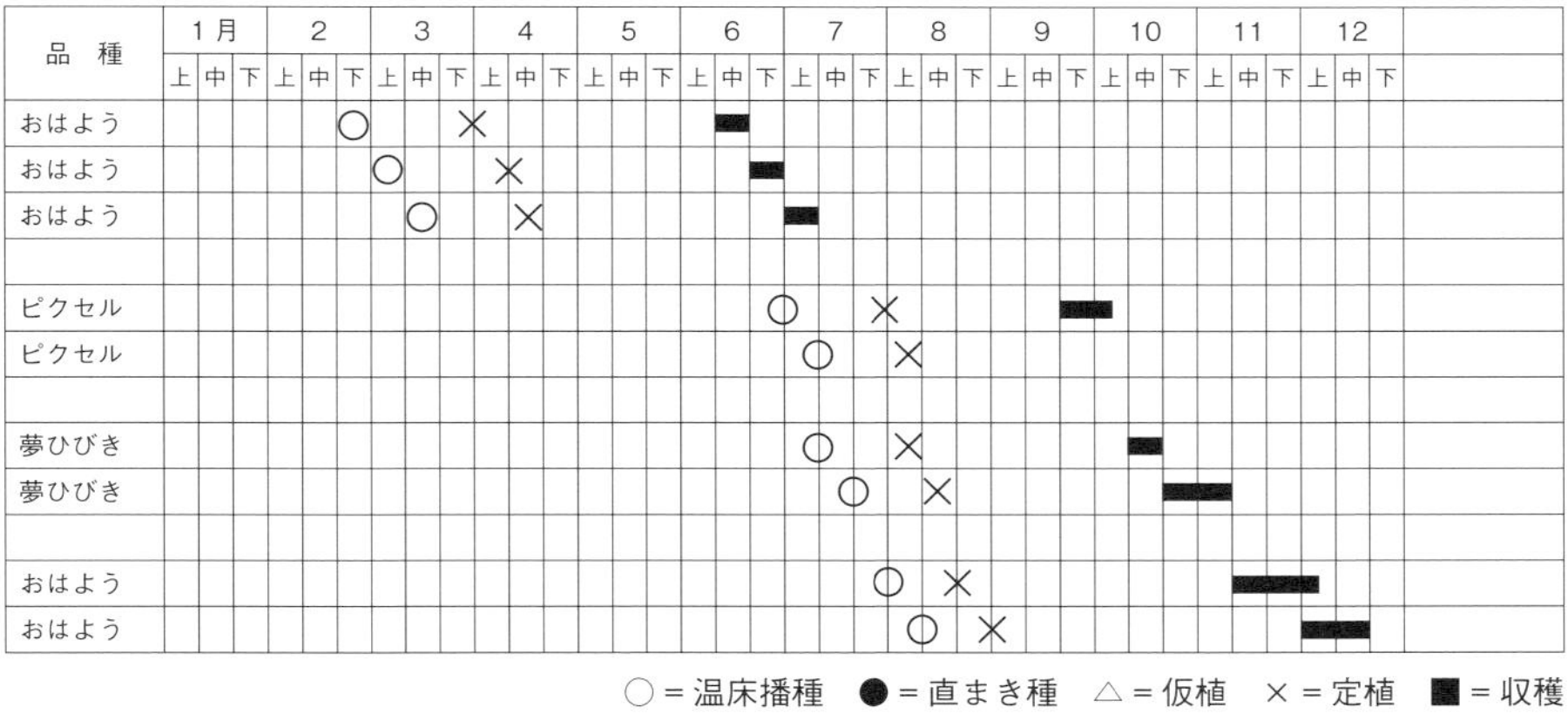

図３－５　カボチャの作型例

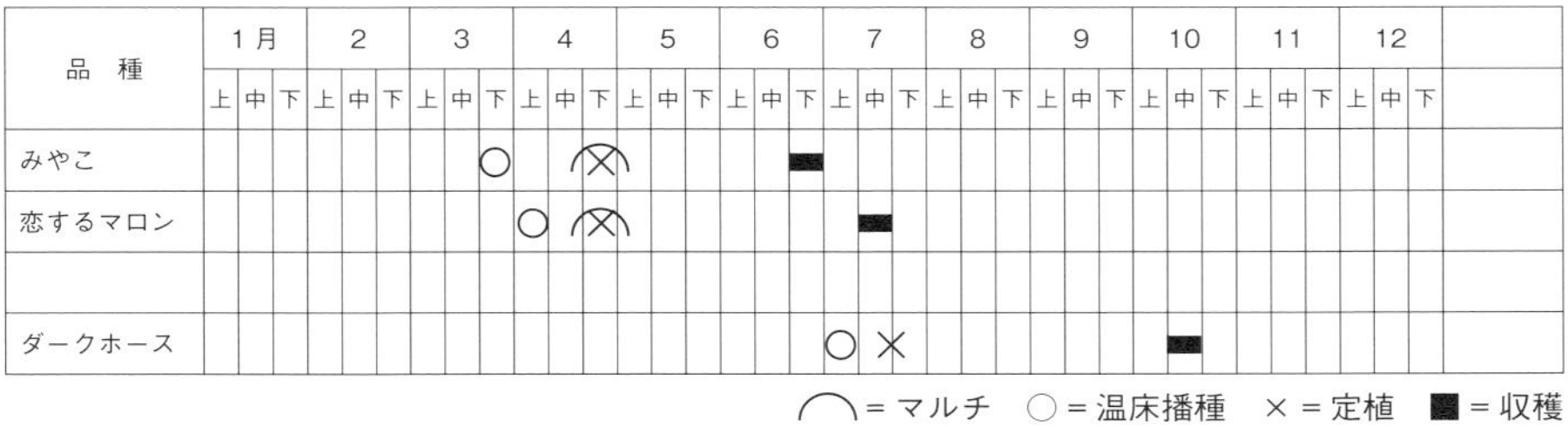

ウスで苗の準備にとりかかります。夏場の出荷を休む間に苗を準備して定植。9月末の「ピクセル」に始まって、10〜11月の「夢ひびき」、そして11〜12月の「おはよう」とつないでいきます（図3−4）。

【カボチャ】

夏向けの「みやこ」「恋するマロン」は、トンネルに定植。晩秋向けの「ダークホース」は、苗をつくって7月に定植。ハロウィン需要をねらいます（図3−5）。

高値ねらいの組み合わせ

直売所では、同じものが大量に出回る時期が決まっています。そこを目がけて出荷していては、せっかくつくっても高値はあまり期待できません。

それとは逆に必ず高く売れる時期があります。6月の早出しブロッコリー、遅出しのスイートコーン。その後にホウレンソウ。そんなふうに「早出し」「遅出し」のタイミングをうまくつかんで畑のローテーションを組んで、確実に高値がねらえるつくり方を紹介します。

【ブロッコリー→スイートコーン→ホウレンソウ】

6月上旬の早出しブロッコリーで高値をねらうには、3月上旬のハウスで育苗からスタートします。品種は「おはよう」がおすすめ。

4月中旬に定植して、順調に生育すれば6月上旬に早出しが可能になります。

ブロッコリーの収穫が終わって、畑を片づけたら、すかさずスイートコーンの苗を植えつけます。これも6月からハウスで育苗してスタンバイしておきます。

品種は「おおもの」や「ミルキースイーツ88」「ゴールドラッシュ90」など中晩生種がおすすめ。収穫はちょうど台風の時期に当たるのですが、強風が吹いても、まるでタコの足のように何本も気根が「もこっ」と出ていて倒れにくい。強い品種でもあります。他の農家のスイートコーンが終わった頃に売り場へ並べられるので、ここでも高値が期待できます。

次は冬場へ向けてホウレンソウ。立性で甘味のある「弁天丸」や収益性の高いちぢみホウレンソウの

図３－６　ブロッコリー、スイートコーン、ホウレンソウの組み合わせ

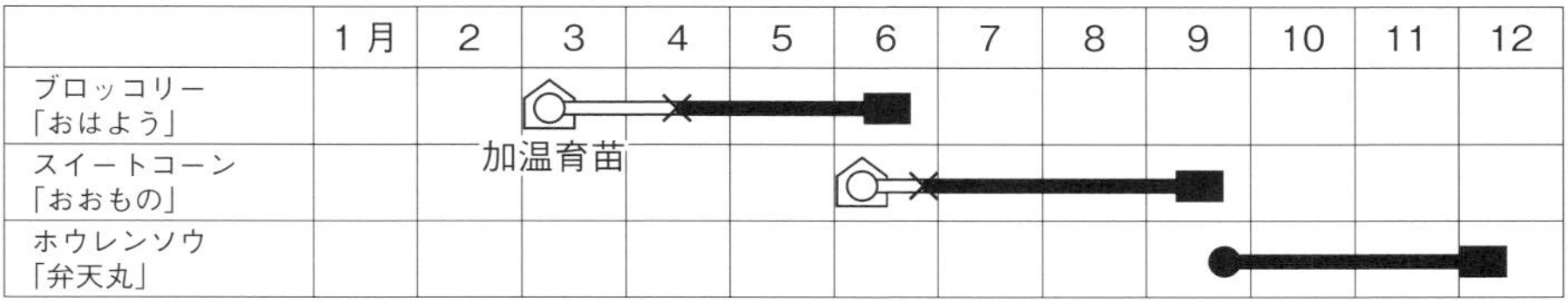

●：圃場へ播種、○：ペーパーポットへ播種、×：定植、⌂：ハウス内育苗、▭：育苗、▬：在圃期間、■：収穫

ブロッコリーとスイートコーンで育苗する作型。在圃期間を短縮できる
ホウレンソウの収穫後、緑肥として10月初め、ライ麦「ハルミドリ」（カネコ種苗）を入れ、翌年４月上・中旬にロータリー耕

図３－７　コマツナ、エダマメ、ダイコンかキャベツの組み合わせ

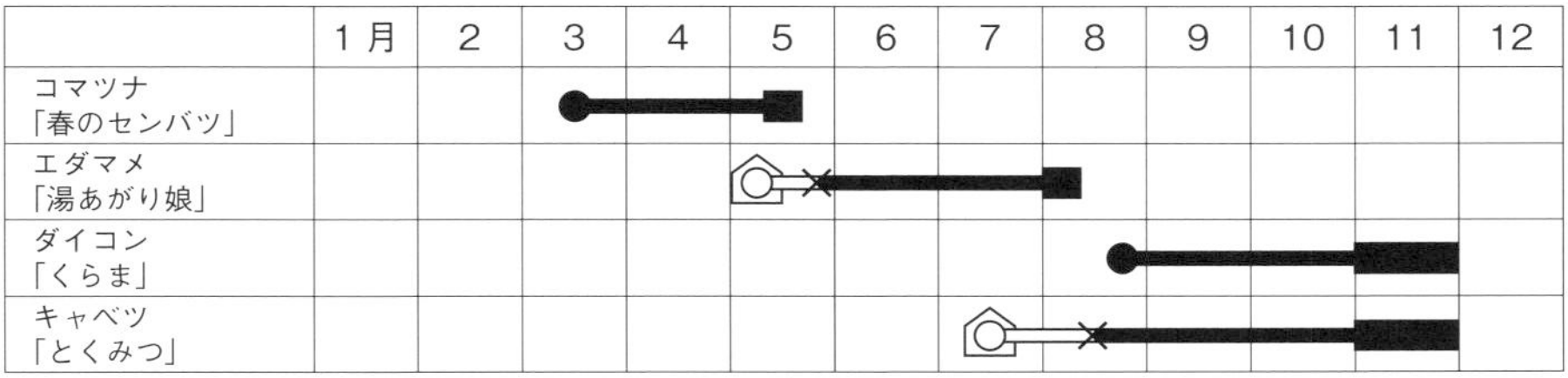

●：圃場へ播種、○：ペーパーポットへ播種、×：定植、⌂：ハウス内育苗、▭：育苗、▬：在圃期間、■：収穫

夏のエダマメと秋のキャベツで育苗する作型。８月以降はダイコンかキャベツのどちらかを選ぶ

「寒味」を。直まきして、じっくり育てていきます。

地力を回復させるには、冬のホウレンソウをお休みして、10月初めにライ麦の「ハルミドリ」（カネコ種苗）をまいて、翌年4月上・中旬にロータリーで深耕することで、緑肥として活用する方法もあります。

早出しと遅出しで、高値をねらう場合は、他の作物とローテーションを組んで、トータルで栽培計画を練りましょう（**図３－６**）。

【コマツナ→エダマメ→大根、ブランド野菜】

8月初め、エダマメとビールが一番おいしく感じる時期に、味のいいこの品種を売りたい！　そこを起点に畑のスケジュールを考えています。

夏場のエダマメは、一番の人気商品なので、絶対に外せません。5月初めに「湯あがり娘」をハウスで育苗して、月末露地に定植します。その前に空いている畑を利用して、コマツナ「春のセンバツ」を植えます。3月になれば露地野菜も植えられるので、エダマメの苗の前に、もう一作できるのです。

エダマメが終わったら、ダイコンの「くらま」は

図3－8　エンドウとサツマイモの組み合わせ

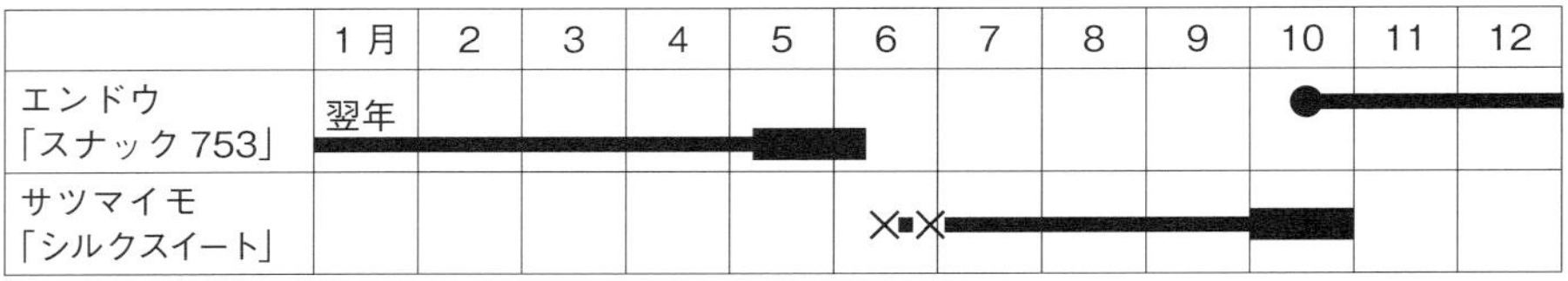

●：圃場へ播種、×：定植、▬：在圃期間、■：収穫

図3－9　スイートコーンとニンジンの組み合わせ

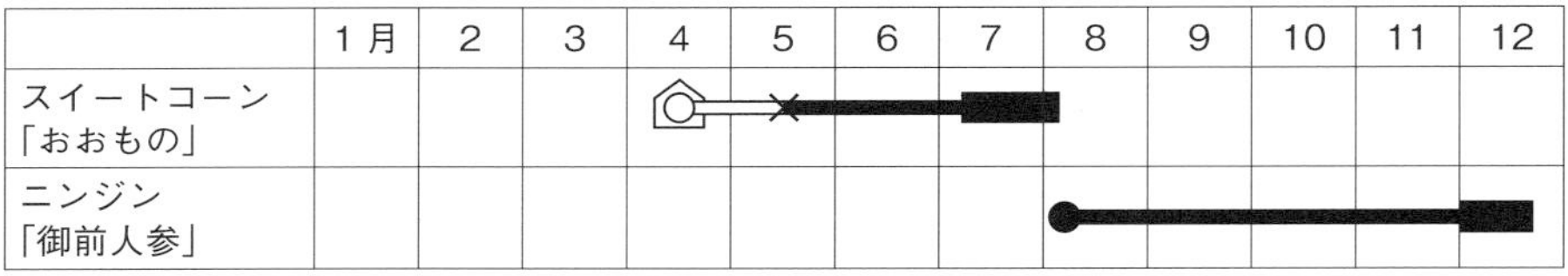

●：圃場へ播種、○：ペーパーポットへ播種、×：定植、⌂：ハウス内育苗、▭：育苗、▬：在圃期間、■：収穫

目標収益（1a 当たり）
スイートコーン「おおもの」　400（本）×120（円 / 本）= 48,000（円）
ニンジン「御前人参」　2,500（本）×50（円 / 本）=125,000（円）

種子を、もしくはキャベツの「とくみつ」の苗を植えて、秋野菜をつくります。

同じ野菜を大面積でつくる産地なら、一年一作、裏と表で二作があたりまえですが、都市近郊で、直売主体で販売する場合は、郡山でも三作は可能です。畑が空いているのはもったいない。一枚の畑をフル回転させて、有効に使いましょう（図3－7）。

【エンドウ＋サツマイモ】

甘味の強いエンドウの「スナック753」を、10月中旬に播種して、翌年6月上旬ぐらいまで収穫したら、しっとり系のサツマイモ「シルクスイート」の切り苗を定植します。このときウイルスフリー苗を使うと、色が濃くあざやかで、秀品率も上がります（図3－8）。

【スイートコーン＋ニンジン】

まさに良食味同士の組み合わせで、いずれもAランクにしているのが、私が得意分野の一つにしているスイートコーンです。

夏の基本品種「おおもの」と、寒さがきびしくなってから味ののるニンジン「御前人参」を組み合わせます。前に述べたとおり「御前人参」は当地のブランド野菜になっており、**図３－９**でわかるように高い収穫性を示しています。

「おおもの」は、4月中旬にハウス内で播種し、育苗。5月中旬に定植し、7月中下旬の収穫です。「御前人参」は、8月上旬に播種し、12月初めから収穫します。ニンジンは初期に2～3回ほど除草をしなければなりませんが、あとはそれほど手がかかりません。

年間作付計画を練ろう！

全体を整理して畑ごとに落とし込む

こうして見てくると、品種選びにはいろいろな「軸」があることがわかってきます。全部取り入れようとすると、頭の中が混乱するかもしれません。

全体を整理して、どんな品種をつくれば、無駄なく畑を回転させて、なおかつ高い収益を上げられるのか、考えていきましょう。とはいえ畑の面積も、かけられるコストも労力も限られているのも事実。そんな作型を畑ごとに落とし込んでいきます。まずは品目と品種をリストアップ→品種ごとに作型を作成→そして畑の地図をつくり、区画ごとに組み合わせを考えて、年間計画を作成していきます。

畑のブロックごとに栽培計画を

次に畑の地図を作成します。面積や前につくった作物、水はけや日当たり具合などを書き込んでおきます。私の場合、23ａの小さな畑でも、四つのブロックに分かれていて、それぞれ作付計画が異なります（**図３－10**）。

まず、それぞれのブロックで、メインとなる品目を選びます。メインが決まったら、これに合わせて、裏作品種を選びます。メインは早出しや遅出しの品種も組み合わせて、なるべく長期間収穫できるよう

図３－10　畑の作付区分地図

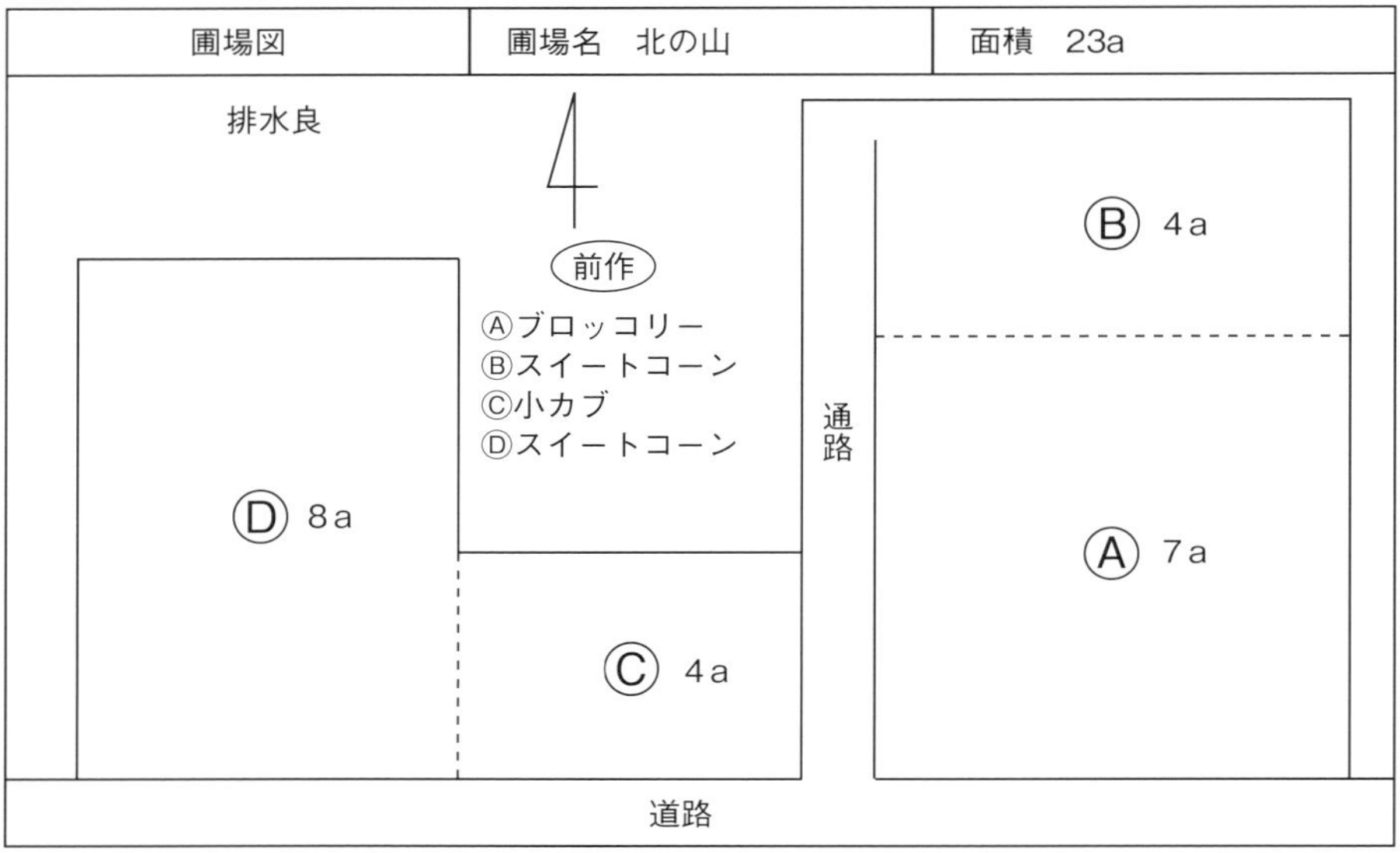

にします。

メインと裏作が決まったら、続いてサブの品種。その年初めて実験的に挑戦する「Cランク」の品種などを組み込んで、畑の回転数と栽培効率を上げていきましょう（**図３－11**）。

より収益の高い組み合わせに

このとき、作付計画と一緒に、順調に生育したら、どれだけ売り上げが見込めるか。1a当たりの定植本数と販売価格を決めて、導き出した金額を、その年の目標値に設定します。

異常気象や天候不順、病虫害など、必ずしも予定通りに進むとは限りませんが、豊作は豊作、不作だったら不作なりに、結果を振り返り、翌年の作付けの参考にできるからです。

【早出しスイートコーン＋早出しブロッコリー】

早出しの「味来」＋「ピクセル」の組み合わせ。順調にいけば1a当たり10万円以上の収益が見込めます（**図３－12**）。

図３－11　作付計画の例

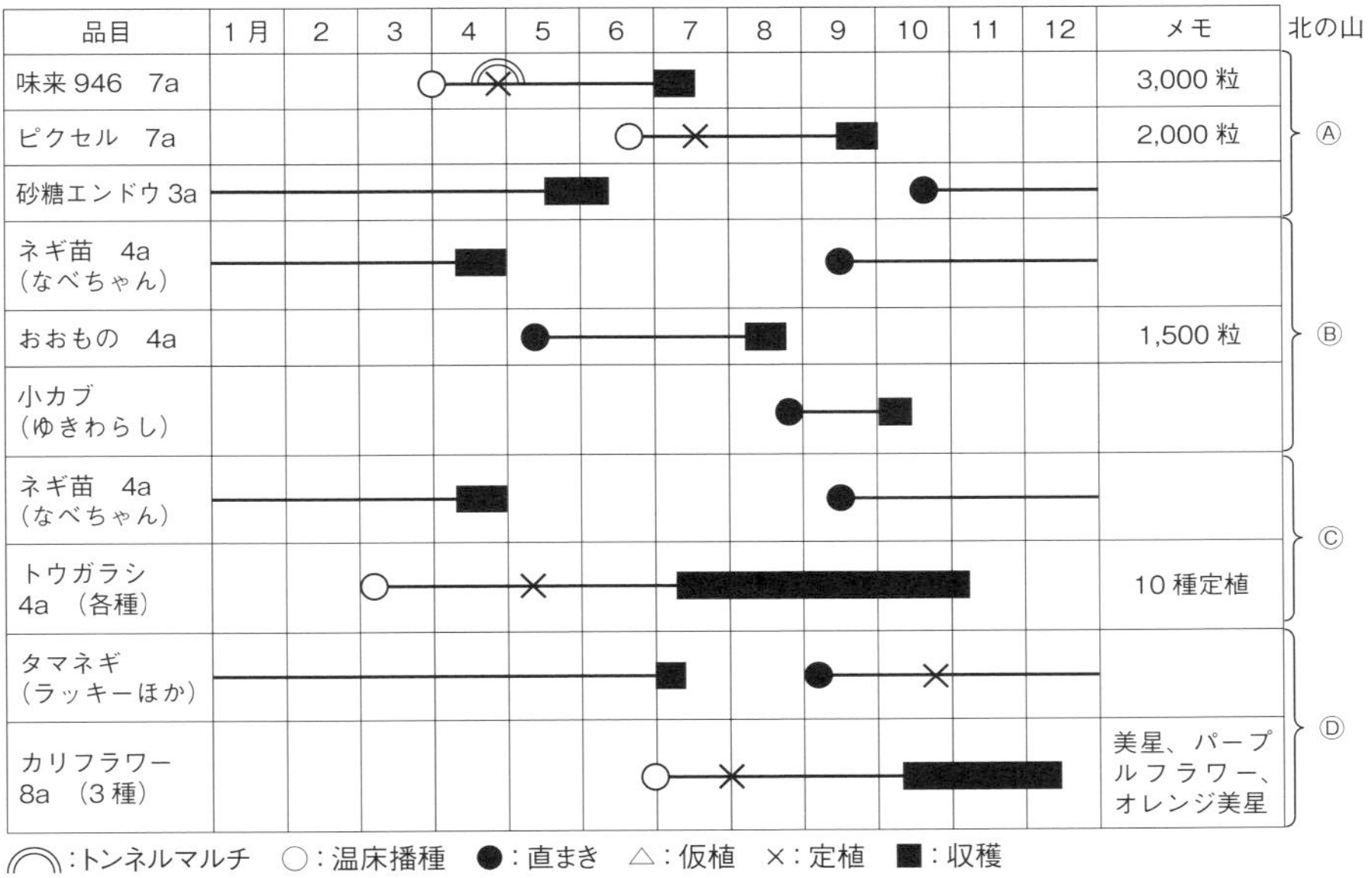

畑ごとにつくり、その年の計画を立てる。休む畑を減らし、収入を増やすため、毎年つくりたい。メモの欄には、まく種の数や品種のことを記入している

図３－12　スイートコーンとブロッコリーの組み合わせ

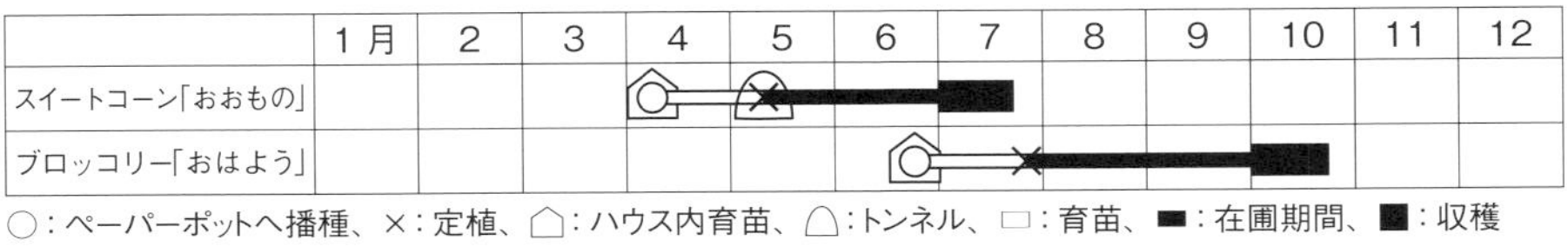

1a の定植本数と、販売価格を決めて、定植本数×価格を計算し、導き出された数字を収穫目標とする

目標収益（1a 当たり）

スイートコーン「おおもの」　400（本）×150（円／本）=60,000（円）

ブロッコリー「おはよう」　350（本）×150（円／本）=52,500（円）

図３－13　キャベツ、エダマメ、ダイコンの組み合わせ

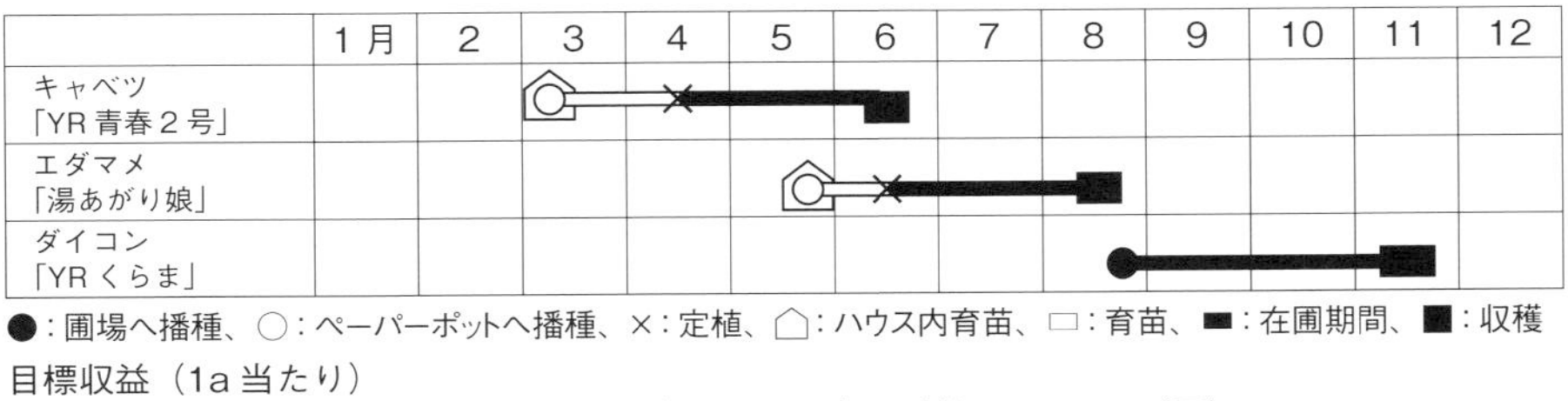

目標収益（1a 当たり）

キャベツ「YR 青春２号」　350（本）×100（円／株）=35,000（円）

エダマメ「湯あがり娘」　600（本）×　70（円／本）=42,000（円）

ダイコン「YR くらま」　500（本）×　80（円／本）=40,000（円）

図3－14　タマネギ、キュウリ、コマツナの組み合わせ

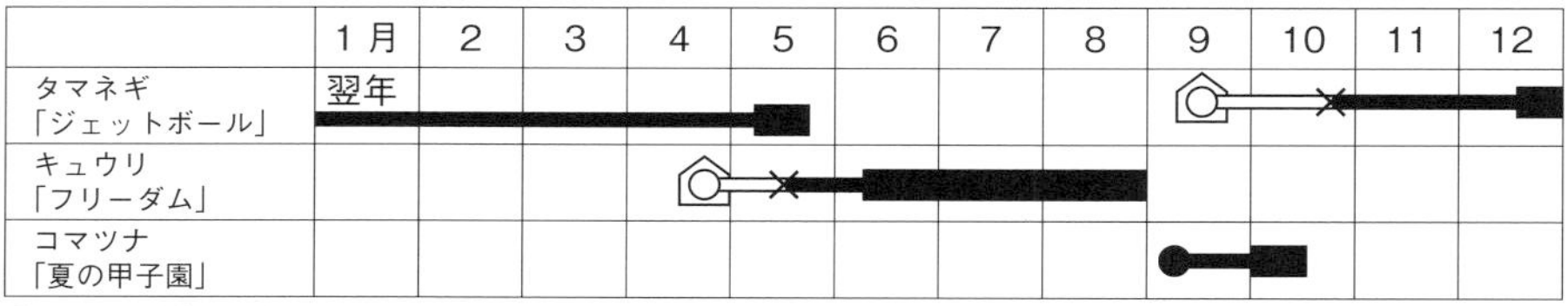

●：圃場へ播種、○：ペーパーポットへ播種、×：定植、⌂：ハウス内育苗、▭：育苗、▬：在圃期間、■：収穫

目標収益（1a当たり）

タマネギ「ジェットボール」	2,500（玉）× 40（円 / 本）=100,000（円）
キュウリ「フリーダム」	100（株）× 80（本）× 25（円 / 本）=200,000（円）
コマツナ「夏の甲子園」	1,000（把）× 100（円 / 把）=100,000（円）

図3－15　エダマメ、冬キャベツの組合わせ

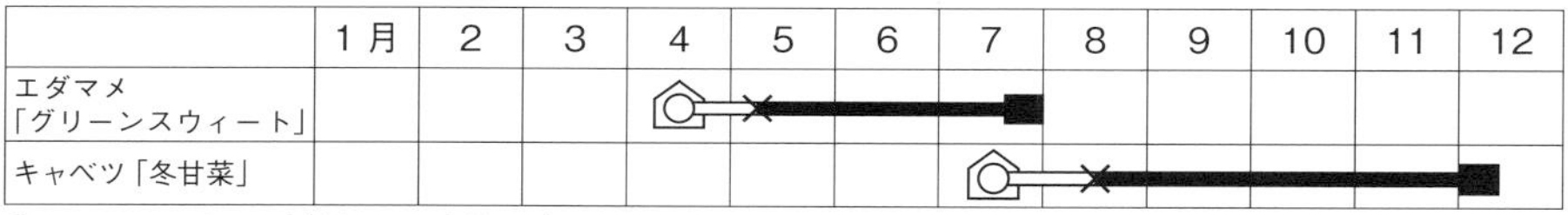

○：ペーパーポットへ播種、×：定植、⌂：ハウス内育苗、▭：育苗、▬：在圃期間、■：収穫

目標収益（1a当たり）

エダマメ「グリーンスウィート」	600（本）× 70（円 / 本）=42,000（円）
キャベツ「冬甘菜」	350（個）× 120（円 / 個）=42,000（円）

【キャベツ＋エダマメ＋ダイコン】

夏のエダマメ「湯あがり娘」を軸に考えます。やわらかさが人気の春キャベツが終わったら、ハウスで育苗した「湯あがり娘」の苗を植えつけます。エダマメを収穫したら、早めに耕運を繰り返しておいて、8月下旬にダイコンを播種。

作目の切り替えを素早くおこなうことと、活着のよい苗をつくるのがポイントです（**図3－13**）。

【早出しタマネギ＋果菜類＋葉物類】

春の田植えシーズンは、どうしても田んぼにかかりきり。そんなとき、出荷に手間がかからず助かるのが、極早生のサラダタマネギです。前の年の秋に定植して、ちょうど5月半ばに収穫できるうえ、その後すぐキュウリやトマトなど果菜類を植えつければ、夏野菜の時期に間に合います。さらにその後にコマツナなどの葉物を。順調に進めば1aで40万円の収益が見込めます（**図3－14**）。

【エダマメ＋冬キャベツ】

当地のブランド野菜同士の組み合わせで、高値での販売も追求できます（**図3－15**）。

栽培上のポイントいろいろ

直売で勝負するなら ハウスは必須

自家菜園の延長や新規就農の方たちは、露地畑でスタートすることが多いのですが、直売所で勝負するなら、やはり小さくてもよいので、育苗用のハウスを1棟持つことをおすすめします。

ハウスがあることで、育苗を早めて、同じ野菜でも早出ししたり、寒くなってから長期的に出荷するのに有利だからです。冬場の寒い時期は、どうしても露地だけでは不利になりがち。そんな時期でもフレッシュなものを常時出せるようにしておきましょう。

夏の目玉商品、エダマメとスイートコーンは、他の農家よりも早く出荷すれば、高値で販売できます。ハウス内で早生種を電熱線で加温して育苗。マルチを張った畑に定植して、トンネルをかけて育てています。

秋のキャベツやブロッコリーも、育苗して育てると高値が期待できます。このときに早生種を使いますが、まだ気温が高い時期なので、耐暑性のある品種を選ぶこと。また虫の害も心配なので、サンネットなどの防虫資材を活用しています。

冬になると、うちでは葉物もハウスで育苗しています。コマツナやホウレンソウは通常育苗や定植はしません。でも、10月に種子をまいたホウレンソウを収穫できるのは、翌年の1月か2月。すると一冬に一作で終わってしまうのです。ところが育苗して、苗を植えれば3回はとれます。ハウスでできた苗を定植したら、次の種子をセルトレイ（小型の育苗鉢が相互に連結した容器）にまいて、収穫が終わったところにすぐ定植して、また育苗……できれば畝ごと、列ごとに常時植え替えていけば、葉物を切らさず出荷できます。この場合もハウスがあると助かります。

セルトレイやマルチなどの被覆資材や培土が必要なので、それだけコストもかかります。でも冬場は

キャベツの育苗。とくみつは芯の糖度が 12 度を超え、甘さのある品種

ブロッコリーの育苗。おはようはアントシアニンフリーで、つくりやすい品種

直売所裏に３棟の野菜用の育苗ハウスを設置。早出しなどに有効に生かす

わりと野菜の価格が安定している時期なので、周囲もとれすぎて価格が暴落……なんてことはありません。コストをかければ、かけただけのことはあるはずです。

わが家には、稲作用の育苗ハウスが１００坪と、野菜用の苗ハウスが２００坪ほどあります。米を栽培している人は、苗の育苗ハウスをそのまま活用すればいいですし、なければ誰かに中古のハウスを譲ってもらってもいいでしょう。50ａ前後の畑なら、３間×10間（5・5×18ｍ）ぐらいのハウスがあれば、十分です。

畑に緑肥などを入れて地力を維持

同じ畑で3～4作。これだけ畑をフル回転させていると、いかに地力を持続させるかが大事になってきます。トウモロコシの収穫が終わったら、茎や葉など残った残渣《ざんさ》を畑に鋤き込んで、緑肥とし活用しています。

さらに11月の初めぐらいに緑肥としてライ麦を入れて、土づくりするのもおすすめ。翌年の３～４月には鋤き込めるようになります。

私が愛用しているのは、カネコ種苗の「ハルミドリ」。緑肥は窒素分の補給になるだけでなく、根っこが１ｍぐらい伸びるので、トラクターの耕運などでできた耕盤を破砕して、通気性がよくなり、物理性の改善にもつながります。

プラウのような大掛かりな機具を買わなくても、土がふかふかに。郡山では作物がつくれない冬の間に土づくりができます。

直売向けの畑は、回転が速いので、土づくりは重要です。休むヒマがなくても、途中で土が肥料切れを起こさないように、３～４年をワンサイクルと考えて、長期的な計画を立てましょう。２年に一度は緑肥を育てて鋤き込む。または、堆肥や厩肥でもよいので、純度の高いものがあれば、入れていきます。

緑肥や堆肥の効果は一年では現れません。３年に一度は緑肥を入れて、それでも途中で肥料分がなくなりそうだったら、熟度の高い堆肥を入れて、すぐ耕運する。未完熟なものではなく、完熟した純度の高いものなら、次の苗をすぐ植えることができるので、緑肥、堆肥、厩肥をうまく取り入れて、畑を効率よく回転させていきましょう。

病気に強い耐病性品種を

私の農場には、新規就農をめざす若者が研修に入ったり、東京農大生が実習にやってくることもあります。若い人ほど、「農薬を使わずに、野菜をつくりたい」と感じている人が多いように思います。

何が何でも無農薬でやりたいという人もいれば、登録がとれている農薬であれば、使用基準を守って、必要であればきっちり使いたい人もいます。人それぞれの哲学なので、どっちも否定できません。

できれば農薬を使わずに野菜をつくりたいのは、農薬否定論者も肯定論者も一緒です。無農薬栽培はリスクが大きく、農薬を使えば、それなりに経費もコストも労力もかかりますし、栽培履歴の記録や管理もきっちりしなければいけません。トータルで経営面を考えて、冷静に判断していただきたいところです。

キュウリのべと病やうどんこ病、コマツナの白さび病、ハクサイの根こぶ病は、毎年農家を困らせて

ハクサイ、キャベツ、コマツナなどは耐病性品種を導入することで省力化、低コストをはかる

います。こうした病気には、耐病性品種がおすすめ。とくにハクサイには、「CR」とついた、耐病性品種が多く出回るようになりました。

多品目多品種栽培の防除のコツ

とはいえ耐病性と食味が、両立しない場合も多いので、私の場合は、迷わず食味のよい品種を選びます。たとえば「郡山ブランド野菜」の「御前人参」には、ニンジンの大敵である、黒葉枯れ病に対する抵抗性がありません。そこは早めの防除を心がけるなど、気をつけて育てています。

また、農薬を使うときは、大産地のように単一の作物を育てているわけではないので、隣の畝の作物に、流出していく恐れもあります。そこで極力防止のために、隣接する作物との間にシートで壁をつくったりしています。多品目多品種栽培の場合、作物ごとに薬剤を変えるのは大変です。そこで、アブラナ科に広く使える「モスピラン」や、「アファーム乳剤」など多品目に使える農薬を活用しています。

土壌改良剤を活用しよう

限られた農地をフル回転させて、野菜をつくり続けるのは、直売農家の宿命です。マメ科、アブラナ科、ナス科など同じ科の作物が続かないように配慮しましょう。さらにエダマメやトウモロコシの残渣も活用して、時々ライ麦やエン麦などの緑肥を入れて、輪作体系をつくることが大事です。

そのほかに、地力を持続させるため、作付けごとに堆肥と有機の土壌改良剤「植酸グリコーカル（有

野菜は古今東西、食べる人の食生活を豊かにし、食べる人を健康にする食材

機石灰）」や「植酸ブロートF（微量要素剤）」などを投入しています。

こんなふうに農地を回転させることで、土が「痩せる」ことはありません。つくったら堆肥や微量要素を補う。そんな細かいケアが必要なのです。

食べる人が健康になれる野菜を

では、これから、どんな野菜が求められていくのでしょう？　原発被害を受けた福島県では、「安心・安全」はあたりまえ。放射性物質の検査は、日常業務の一部となっています。

さらに食味のよい野菜、食べる人の食生活を豊かにする野菜が求められているのはたしかです。そしてその先にあるのは、「食べる人を健康にする野菜」だと思うのです。医者や薬の力に頼らなくても、日々の食生活の中で、健康になれる。栄養素をサプリメントや補助栄養食品ではなく、生きた野菜や果物からとりたいと考えている人は増えているように思います。そこで役に立つのも品種力。

健康を気遣って毎日野菜ジュースを飲んでいる人

万吉どん。ポリフェノールの一種ケルセチンがずば抜けて豊富

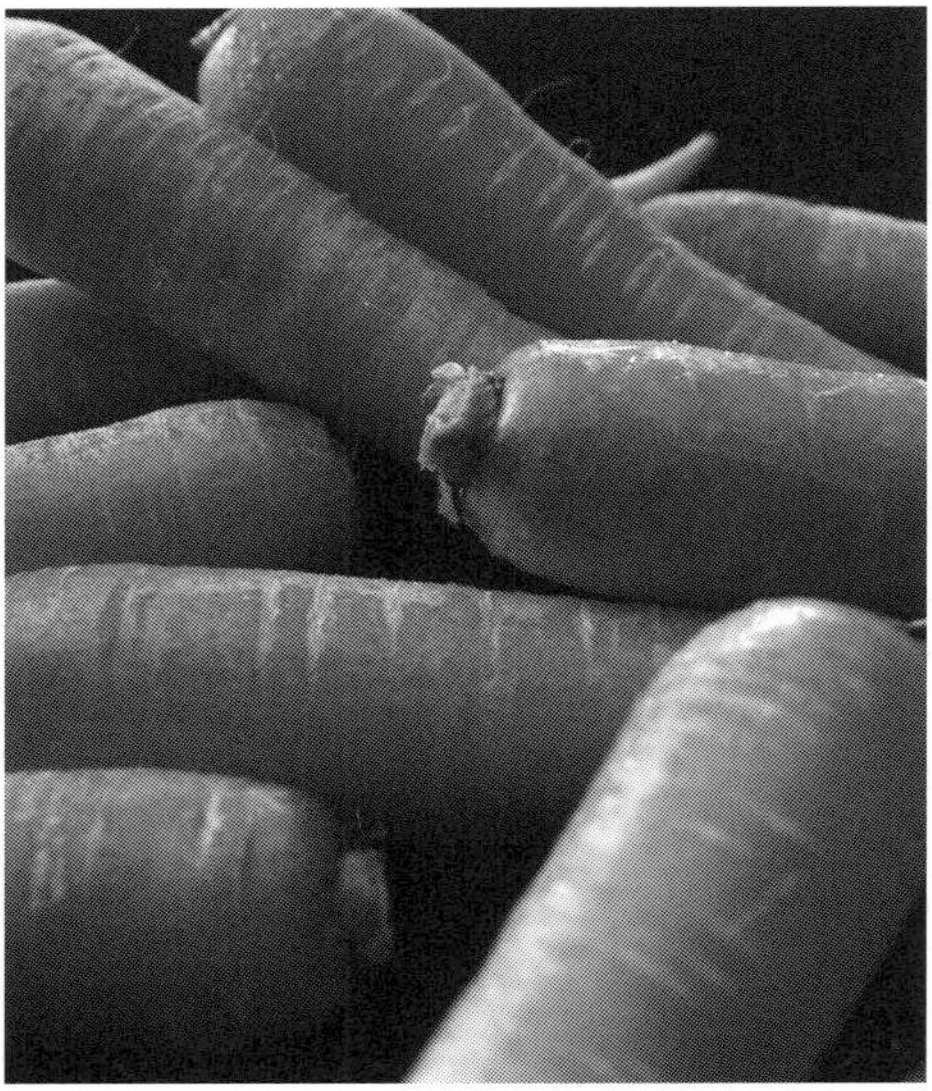

紅御前。一般のニンジンに比べてビタミンＣ含有量が豊富で抗酸化力が強い

が、βカロテンの高いニンジンを求めたり、キャベツの原種といわれるケールの生葉を買い求めるのも、その流れの一部です。

私たちが世に送り出している「郡山ブランド野菜」。その中でも「紅御前」は、一般的なニンジンに比べてビタミンC含有量が1・3倍、抗酸化力が1・4倍。また、タマネギの「万吉どん」は、ポリフェノールの一種であるケルセチンが、ずば抜けて豊富な品種です。

これからは抗酸化力、免疫力、解毒力。そんな力をもった野菜が、ますます必要とされる時代だと思います。それを左右するのは、ビタミンやミネラルの含有量なのですが、それは必然的に栽培する土壌の性質や農法だけでなく、品種によって決まる要素が大きいのです。

これから求められるのは、野菜がもつ機能性。お客さんの健康づくりに貢献できる野菜をつくりたいと考えるとき、品種力が決め手となることは、間違いありません。

第４章

野菜のブランド力と集客力を高める

あぐり市などでブランド野菜を発信

生産者の目で品種を選定

ブランド野菜をつくる理由

私たちがブランド野菜をつくった背景には、郡山のみなさんに喜んでいただきたいという思いと、もう一つ「生産者の収益を上げたい」という願いがありました。どんなにすばらしい野菜を育てても、農家が儲からなければ、つくり続けることはできません。

たとえば今、一反＝10ａ（３００坪）の田んぼで米をつくっても、その売り上げは10万円にもなりません。これを畑にして野菜を育てることで、

「一反１００万円にしよう」

それが、当初の目標でした。

同じ一反の畑で、夏場に郡山ブランド野菜のエダマメ「グリーンスウィート」をつくると60万円。その後作として、キャベツの「冬甘菜」をつくると50万〜60万円。合計で年間１００万円を超えます。

次にブランド化した「御前人参」は、ある種苗会社の展示会で、目に止まりました。西洋系のとても美しいニンジンなのですが、メーカーの担当者に聞くと、

「今、ニンジン産地では、ハーベスターという機械を使って葉ごと引き抜くので、短いニンジンが主流。このニンジンは丈が長いので、産地ではなかなかつくってもらえないのです」

という話だったのですが、食べてみたらものすごくおいしかったのです。

機械収穫には向かないけれど、私たちが小面積で栽培して、手で掘る分には問題ありません。この品種には、黒葉枯れ病の耐病性がないけれど、そこに気をつけて栽培すればいい。こうして「御前人参」と名づけてブランド化したところ、若者はサラダやバーニャカウダに、お年寄りは福島の郷土料理のいかニンジン（するめとニンジンを長さ４〜５㎝にせん切りし、しょうゆ、酒、みりんを加えて２〜３日漬け込んだもの）にぴったりだと、非常に喜ばれま

表４－１　イベントなどでおこなった食べ比べの例

野菜	品種	料理など
トマト	サンロード、モスクビッチ、韓国トマト、グリーンゼブラ、グリーンハート、ブラックプリンス、シシリアンルージュ、スイートキャンディ、オレンジチェリー、千果、イエローミミ、オレンジパルチェ、ティンカーベル、レモントマト	夏、生食で
ナス	千両２号、黒陽、梵天丸、美男、ごちそう、フレンチナス、イタリアンローズバイカラー、緑ナス、庄屋大長	炒め物や漬け物で
ダイコン	くらま、しろうま、聖護院、黒丸大根、黒長大根、ミラノ大根、紅化粧、ホワイトスティック、青長大根、紅芯大根、辛味大根（からいね白、からいね赤）、源助大根	生食で
サツマイモ ジャガイモ	男爵、メークイン、キタアカリ、インカのめざめ、インカレッド、キタムラサキ、シンシア、ベニアズマ、すいおう、パープルスイートロード、コガネセンガン	蒸して
トウガラシ	ハバネロ赤、ハバネロオレンジ、ハラペーニョ、タバスコ、タイトウガラシ、黄トウガラシ、韓国トウガラシ、タカノツメ、げきから	展示

視察を受け入れたときにも収穫した野菜の試食会を開催

つねに「どの野菜のどの品種を選ぶか」が重要になる

した。

地元のスーパーから「鈴木さん、早くあのニンジンを出してください」と催促されます。「ほかにもニンジンはあるでしょう?」というと、「違うんです、お客様はニンジンじゃなく、御前人参を求めて買いにくるんです」。

特売のニンジンが2本88円で売られていても、御前人参は198円で販売されます。このニンジンだけで、売り上げは一反100万~150万円に。ブランド化して本当によかったと思っています。

種屋はブランド化のパートナー

野菜をブランド化する際、どの作目の、どの品種を選ぶかはとても重要です。ある意味ではブランド化成功の鍵を握っているといってもいいでしょう。

いくつか候補がある中から、種苗メーカーの情報も取り入れて、特定の品種を選ぶとき、決め手となるのは、なによりもその「味」。さらにいくつかポイントがあります。

1 味がいい

郡山農業青年会議所、郡山ブランド野菜協議会を支えてきたあおむしくらぶのメンバーが勢ぞろい（あぐり市の陳列台を前にして）

２　特別なものでなく、普段使いの野菜である

３　きちんとした個性がある

４　野菜本来の、味や香りを持っている

５　栄養価、機能性が高い

かつて種苗メーカーの育種目標は、病気に強く、そろいがよくて、棚持ちがいい。そんなポイントが優先されていました。ところがここ15年ほど、直売所が有望な販売先として存在感を増すにつれ、育種を担当しているメーカーにとっても、戦略的に外せない存在になってきています。

大産地の大量生産向けの品種とはまた別に、小規模ながら多品種多品目を栽培し、他の農家との差別化をはかって売り上げを伸ばす――そんな直売所向けの品種の開発にも、積極的に乗り出しています。

私の場合、自分が種屋をやっているので、メーカーの情報がダイレクトに入ってきますし、ブリーダーとの情報交換の機会にも恵まれています。

「うちでは、鈴木さんのように、なかなか有力な情報が得られない」

という声も耳にします。そんな場合は近くの種屋さんで話を聞くのが一番の近道です。自分の町の種屋さんでも、隣町でもいい。一般社団法人日本種苗協会のHP（ホームページ）には、全国のシードアドバイザーのいる店が紹介されています。

ひと口に「種屋」といっても、タイプはいろいろ。農協相手に大口の取引を手広くやっているところもあれば、家庭菜園から家族経営農家、農業生産法人クラスまで、規模の大小を問わず話を聞いて、それぞれにぴったりの種を紹介してくれる、そんな種屋さんもいます。

うちの種屋には、郡山だけでなく、福島県内各地から、お客さんがやってきます。種屋さんのいいところは、決してホームセンターやインターネットでは得られない、人を介したメーカーの情報を伝えてくれること。新品種の特徴やコンセプトを伝えてくれて、栽培面はもちろん、販売面の相談にも乗ってくれる、そんな種屋さんを探しましょう。

仲間とともに栽培するメリット

個人での直売所やレストランへの売り込みとは違い、ブランド化は一人で実現できる事業ではありません。同じ品種を、地域の仲間たちと連携して、同じ品質でつくり続けていかなければなりません。

品種の選定はブランド化の一歩ですが、特定の品種＝ブランド野菜ではなく、どの品種を使っているかについては非公開としています。スタート時点でAという品種で栽培していたけれど、数年後にはBという品種に替わっている可能性もあります。

品種というのは万全なものではありません。ずっとつくり続けているうちに、メーカーが供給する種の性質が変わってきたり、同じ系統でさらに食味の高いものが出てくる可能性もあります。そんなときは、さらに有効な品種に切り替えます。

「グリーンスウィート」「冬甘菜」「御前人参」など、市民に公募した名称をつけているのは、みなさんにより親しみやすい名前で覚えてほしいから。そして、決して特定の品種だけに固執すべきものではないからです。

さいわい私には、郡山農業青年会議所やブランド野菜を立ち上げたあおむしくらぶの時代から、ともに野菜をつくり続けてきた仲間たちがいます。「グリーンスウィート」を栽培している猪越勇雄さ

ブランド野菜。上から時計回りに冬甘菜、めんげ芋、紅御前、御前人参

ん、元サラリーマンで15年前に農業を始めた濱津洋一さんは、キャベツの「冬甘菜」を担当。大規模なナメコ栽培農家の跡取りの鈴木清美くんは「御前人参」をつくっています。富塚弘二くんは「佐助ナス」が得意。熊田《くまだ》吉秀さんは、夏の間「ささげっ子」を栽培。ベテランの丹伊田任雄《にいたただお》さんは、夏場に出荷できる「ハイカラリッくん」をつくっていて、地元にネギ部会も立ち上げました。ともにブランド野菜を育ててきた橋本一弘さんは、「紅御前」を担当。そして藤田浩志《こうし》くんは、米農家の8代目。野菜ソムリエの資格をもつ彼は、郡山野菜の広報部長として大活躍しています。

　そんな仲間たちと、ブランド野菜を立ち上げたのは、2003年。もともと私と同じ米農家が多く、米の値段が安くなっていて、みんな先行きに不安を感じていました。もう一つ経営の軸になる作物が欲しい。そんなときに必要とされていたのが、ブランド野菜です。ブランド化に当たり、

- **栽培方法を統一し、生産履歴を徹底して記録することで、品質のブレを解消する**
- **栽培勉強会を頻繁に開催し、品質維持に努める**

ブランド野菜。上から時計回りにハイカラリッっくん、ささげっ子、佐助ナス、グリーンスウィート、おんでんかぼちゃ

あこや姫

万吉どん

緑の王子

ことも決めました

こうして3番目の「御前人参」に続き、蔓なしインゲンの「ささげっ子」、生で食べてもさすけない（心配ない）「佐助ナス」、青ネギと白ネギの中間的な存在の「ハイカラリッくん」、アクが少なくサラダにも十分使える「緑の王子」と、1年に1品目のペースで、順調にブランド化が進んでいた11年3月11日。あの東日本大震災とそれに伴う原発事故が、起きたのです。

ブランド力で震災を乗り越えよう！

土の力がセシウムを封じ込めた

震災時、郡山市周辺は震度6弱。地震そのものの被害は少なかったのですが、原発事故の影響で、露地栽培のホウレンソウは、引き抜いてすべて破棄。他の野菜も出荷停止の状態が続き、県の職員がやってきて、うちの野菜を持ち帰って放射性物質の検査機にかけたりしていました。

この年は、春まきの種と野菜苗が売れなくなってしまいました。郡山では専業農家でなくても、自家菜園で野菜をつくって、都会に住む子どもや孫たちに送るのが楽しみ。そんな人たちが多いのですが、この年はせっかくつくっても「いらない」といわれてしまうので、野菜づくりを自粛する人が多かったのです。

畑に放射性物質が降り注いでしまいました。一時は「もう、ここで農業は続けられないのかもしれない」とさえ考えましたが、とにかくどんな影響が出るのか調べなければと、野菜づくりを続行しました。

本格的なモニタリング検査も始まって、野菜を何度も検査に出しましたが、結果は測っても測っても、ND（検出限界未満）。ホッと胸をなでおろしました。

あの原発事故で、たしかに郡山にも放射性物質が降り注ぎました。それでも野菜から検出されないのは、なぜか？

セシウムは肥料成分の一つであるカリウムとよく

似た性質をもっています。ですから、土壌が痩せたチェルノブイリのような場所では、野菜はセシウムを吸収するのです。ところが日本では、何十年、何百年も前から私たちの先祖が、「お礼肥」として土に有機物を入れて耕してきました。カリウムが十分にあれば、野菜は吸収しませんし、土がセシウムをがっちり吸着して封じ込めている。自然と先祖の土づくりが築き上げた土の力が、いい形でつながったことに、とても感謝しています。

野菜のおいしさを可視化しよう

福島県の生産者たちにとって、放射性物質の検査は、今では日常業務の一部になりました。数値的に見れば、安全性に問題ないことは実証されていますが、その結果が、必ずしも食べる人の安心感につながっていない。そこが問題なのです。

最初の一年は、ブランド化を休止していましたが、みんなで話し合いました。この状況の中、どうすれば野菜を買ってもらえるのだろう？　安全性を訴えるだけではダメだ。それを食べる人たちが、「これなら買いたいよね」と思える魅力的な野菜をつくっていくしかない。ブランド化は1年休んでしまったけれど、より精度を上げて、みなさんにPRしていこうと決めました。

放射性物質は何ベクレルとか、ネガティブな数値で表示されることが多いですが、ブランド野菜はポジティブな数値で表したい。そこで郡山にある日本調理技術専門学校（日調）の鹿野《しかの》正道先生たちにもご協力いただいて、野菜のおいしさを可視化していこうと考えました。

震災後最初に立ち上げたブランド野菜は、昔の隠《おん》田《でん》（隠し田）に着想を得て名づけた「おんでんかぼちゃ」。通常カボチャは一株から3～5個の実を収穫しますが、おんでんかぼちゃは、密植栽培。うま味を1個に集中させるため、一株から1果しか収穫しません。また、おいしい実を大きく育てるために、株元から11～15節の間についた実だけを育て、それ以外は手作業で落としています。

そうして育てたかぼちゃを、今度は非破壊糖度計でチェック。糖度13度以上のものだけを「おんでんかぼちゃ」と名づけて販売しています。

野菜の収穫や丸かじりなどを体験するツアーなどを開催。こだわりのマルシェやレストランなども巡り、食と農を体感

その後、甘味の強いサツマイモの「めんげ芋」、紅赤色の東洋ニンジンで、リコピンやカロテンを豊富に含む「紅御前」、さらに抗酸化力につながる成分ケルセチンが豊富なタマネギで、安積疎水の生みの親、斎藤万吉さんの名前をいただいた「万吉どん」。そして15年12月には、最新のブランド野菜、肉質がやわらかくて甘いカブの「あこや姫」が登場しました。

いずれも郡山ブランド野菜協議会のＨＰで食味の特徴や栄養価について、数値化したグラフを公表しています。

対話が次のヒントに

福ケッチァーノがついに誕生！

もう一つ、郡山の野菜と農業を盛り立てようとい

本日の新鮮野菜のバーニャカウダ。ナスやトマトなどの生産者がわかるようになっている

福ケッチァーノがオープン。名高いアル・ケッチァーノの奥田政行シェフきもいりの店である

カウンター席の頭上ボードには、食材が地場産のブランド野菜などであることを表記

う動きがありました。以前から日調の特別講師として、つながりのあったイタリアンレストラン、アル・ケッチァーノ（山形県鶴岡市）の奥田《おくだ》政行シェフが、福島県出身の若い料理人たちと、郡山で新しいレストランを開くことになったのです。奥田シェフはいいました。

「この店の使命は、福島のものは安全で安心だと、誰もが認める日が来るまで、福島の生産者の方々が、農業をやめない体制をつくること」

その名も「福ケッチァーノ」。13年3月10日に、郡山の菓子店「開成柏屋」の敷地内にオープンしました。大型トレーラーが2台並んだ、ユニークなレストランです。ここでシェフを務めるのは、日調の卒業生で郡山出身の中田《なかた》智之《ともゆき》さん。ここに来ればいつでもブランド野菜をはじめ、私たち郡山の生産者がつくる四季折々の野菜を味わうことができます。

そして月に一度、福ケッチァーノの裏庭に、地元の生産者が集まって、農産物を販売する「開成マルシェ」が開かれるようになりました。

農産物を介して生産者とお客さんが話をしたり、リンゴの木箱をひっくり返したベンチに腰掛けて、

月に一度、地元の農産物を販売する「開成マルシェ」を開催

食事しながら買い物を楽しむことができます。

私もここで季節の野菜や野菜苗を販売していますが、袋詰めした野菜を置いてくるだけの農産物直売所とは違い、お客さんと直接対話しながら販売できるのが、マルシェの醍醐味です。

主婦とシェフは見る目が違う

郡山に福ケッチァーノができてから、オーナーの奥田シェフやこの店のシェフの中田さんと話す機会が増えました。

いろいろなお客さんがいる中で、やはり主婦とシェフでは、野菜を見る目が違います。主婦が必要としているのは「料理しやすい」「味にクセのない」野菜。お子さんが小さかったりすると、どうしても食べやすいものを求める傾向があります。

かたや料理人のみなさんが求めるのは、「味の濃い野菜」。そして「何かを主張している野菜」です。大きさや形のそろいはあまり気にしません。そしてお皿に並べたときに人目を引く、カラフルな色づかいも求められます。

パープルフラワーは紫色のカリフラワー。ゆでると淡い青色に

視察、研修を受け入れ、講師として野菜品種や栽培、出荷などについて解説する

掘りたてのニンジン。品種による特性があり、食べ方も違ってくる

最近、福ケッチァーノの中田さんとよく話すのは、

「いつか仕込み前の料理人がやってくる、早朝のマルシェができるといいね」

料理のプロがどんな目線で、どんな野菜を選ぶのか、間近で見ることができるし、横でコーヒーを飲みながら、生産者と料理人、料理人同士が話のできる場所にもなる……。

現に東京の築地市場は、朝の仕入れの合間に食のプロたちが情報交換する場でもあるのです。「こんな野菜があったぞ」「あの農園のがいいらしい」。そんな会話から生まれる食文化もある。郡山にも、そんな場所ができるといいなと思います。

間引き菜が売れる商品に

お客さんの中には、まだ根っこの小さい葉つきニンジンをごっそり買い込んでいく人がいます。

「何に使うんですか?」

「根っこより、やわらかい葉っぱが欲しい。ジュースにも使えるから」

かと思えば、豆粒くらい小さな葉つきのカブをい

郡山ブランドの野菜協議会のロゴマーク

掘りたてダイコンの集合。さまざまな形状、色つや、特性をもった品種が出そろう

くつも買っている料理人さんもいて、

「それ、どうするんですか？」

「このサイズが椀物にちょうどいい」

なるほど。同じ野菜の同じ品種でも、使う人の動機や目的によって、ほしいサイズは人それぞれ。決して市場が決めた規格だけが必要とされているわけではないのです。


葉っぱばかりのニンジンや、葉つきのマイクロカブを大事に使ってくださる方がいる。それがわかってくると、間引きを恐れず種をまけるし、栽培上のリスクも減ってきます。

使う人をイメージして野菜をつくろう

直売向けの品種選びで大切なのは、「誰が、どうやって使うのか」をイメージして何をつくるか考えること。実際お客さんの手に渡ってから、どんな形で使うのかまでを想定してつくるということです。

たとえば同じニンジンでも、野菜が苦手な子どものいる家庭にはこれ、健康志向でジュースに使いたい人にはこれというように、実際使う人の目的によって、選ぶ品種はおのずと変わってくるのです。

ダイコンにしても、煮物用、漬け物用、そばの薬味に使う辛味ダイコンなど、たくさんのバリエーションがあります。食べやすくて色つやのよい新品種が売れるかと思えば、「ああ、なつかしい」と昔ながらの品種を求めるお年寄りもいる。すべてをまんべんなくつくるのは無理ですから、どんな割合でまけばいいのか、直接お客さんと話して、そのニーズや動向をつかむことが大事です。

顔の見える誰かに販売する。それが直売の次のステップだと思います。私にとっては、それが開成マルシェであり、あぐり市だったりします。

視察者へ野菜の品種などについて解説

「あれないの?」「これも欲しい」。地元の奥さんも料理人の人たちも積極的に聞いてくれますし、私たちも「じゃ、こんなのどうですか?」と提案することができる。そんなふうに売り場で交わした何気ない会話が、次の品種選びのヒントになっていたりするのです。
「これはあの店のシェフに」
「こっちはあの家のばあちゃんに」
そんなふうにイメージしながら種をまくのは、野菜をつくるうえでとても大事なこと。品種力を武器に生産者自身の手でブランド化を実現させることで、みずからの農業の地歩をかためていきたいものです。

1年を通して人気の
ミニトマト

あとがき

郡山市の米農家に生まれ、大規模稲作に希望を抱いて取り組んでいたものの、減反を迫られ、米の価格は下がる一方、都市化が進んで消費者の方たちとの接点が増えたとき、手探りで野菜をつくり、直売を始めたのは、今から30年前のことでした。

野菜、および野菜苗をつくり、直売所を切り盛りしているうちに、親戚が手がけていた種苗店を受け継ぐことになりました。そこで、いやおうなく野菜品種のことを理解し、その重要性を痛感したこともあり、野菜をつくり、直売所と種苗店を兼営する立場から2007年に『野菜品種の選び方』（農文協）を発刊したのです。

その後、私の本を読んで、「就農したい」「直売所を中心に売っていきたい」という若者がやってきて、うちの農場で研修し、自分の町へ戻って就農するようになりました。今や若手新規就農者にとって売れる直売所は、外せない経営の軸になっているのです。

しかし、ベテラン農家の「おすそ分け」と、新人ファーマーの野菜が同じ売り場で競合するとき、みんなと同じ時期に同じ品種をつくっていては、売り上げは伸びません。現実はそう甘くはないのです。経験の浅い新規就農者でも、時期をずらして、差別化をはかって、より高い収益を上げるために、品種力を生かしてほしい……。そんな思いでいたところ、御縁があって第二弾として本書を発刊することができました。

かつて野菜のブランド化といえば、生産者自身よりも、農協や行政が音頭をとって道筋をつくることが多かったように思います。また近年、伝統野菜や在来種の野菜がブームなのは、大産地

個性派ナス
埼玉青大丸

の画一的な野菜ではなく、その土地の気候風土が育んできた、歴史とストーリーをもつ野菜たちの魅力に、ひかれる人が増えているからだと思います。

でもこれからは、生産者自身が仲間と協力して、地域のみなさんの意見も取り入れながら、最新品種の中から、新たにブランド野菜を生み出すことができる時代だと思うのです。振り返る歴史がなければ、これから新たなストーリーを描いていけばいい。そしてそこで問われるのもまた、求められる野菜を見出す品種力。私たちはそれを頼りにこれまで12種類の郡山ブランド野菜を生み出してきました。

私たち郡山の生産者にとって、東日本大震災と原発事故は、とてつもない痛手でした。一時は「果たして息子の代まで、農業が続けられるのだろうか」と、営農の危機を感じたこともあります。そして今なお放射性物質検査は続いています。他の自然災害と違い、原子力災害の影響は、なかなか消え去りそうにありません。

それでも震災から5年が経とうとしている今、改めて考えてみると、震災を体験したことで、私たち福島県の生産者は、日本の農業が直面している問題を、他の地域よりも先に突きつけられた気がしています。後継者不足、遊休農地の増加、輸入農産物との競合……これらの問題をクリアするために、何をなすべきか。問答無用でいきなり突きつけられたのです。

その根底に必要なのは、売れる農業。野菜をつくって利益が出れば、後継者も張り切って継ぐはずですし、新規の就農者も増えるでしょう。「もっとつくりたい」となれば、遊休農地の解消にもつながる。「安い外国産より、やっぱり郡山の野菜が食べたい」と思っていただける、そんな魅力ある農産物をつくることが、生き残りに通じるはずです。

そう考えたとき、やはり震災前から続けていた、生産者自身が選んで提案するブランド野菜の

ゴーヤーは
夏場の定番野菜

取り組みが、有効かつ間違いではなかったことに気づきました。安心で安全なのはもちろん、地域の生産者が食べる人たちの食生活や健康に役立つ野菜を提案して販売するスタイルは、震災後の閉塞感を打破するときも、福ケッチァーノが生まれたときも、他の地域やレストランにはない切り札となったのです。

日本の種苗メーカーの開発力には、目を見張るものがあります。しかし、せっかくすばらしい品種が生まれても、それを育てる生産者がいなければ、世に広まりません。たとえ万人受けしなくても、売り先を考えながら地道に発信していけば、間違いなく喜んでくださる方がいる。そんな品種も数多くあるのです。

この本には、50品目３６０余りの品種の野菜が登場します。ほとんどは私が一度は自分の畑で栽培して、栽培のしやすさや味を実際に確かめたものを紹介しています。

品種力とブランド力は、決して郡山に限ったものではありません。地域の若手が伸び、生産者が増え、産地全体が活気づいていきますように。この本が、今、全国で、我々と同じ問題と向き合っている生産現場のみなさんのお役に立てれば幸いです。

最後になりますが、本書を取りまとめるにあたり、次の方々にお世話になりました。

執筆協力者の三好かやのさん、「街こおりやま」誌の伊藤和《かず》さん、環デザイン舎の北瀬幹哉さん、トライビートの佐藤隆弘さんと宮本遼子さん、種苗メーカー各位、ヨークベニマルとあさかのFreshのみなさん、アル・ケッチァーノの奥田政行さん、福ケッチァーノのみなさん、日本調理技術専門学校、ＪＡ全農福島＝愛情館、郡山農業青年会議所、あおむしくらぶ、郡山ブランド野菜協議会などのみなさん。

ここに記して深く謝意を表します。

著者

(株)日本農林社
〒114-0023 東京都北区滝野川6-6-5
TEL 03-3916-3341

野原種苗(株)
〒346-0002 埼玉県久喜市野久喜1-1
TEL 0480-21-0002

パイオニアエコサイエンス(株)東日本事業所
〒321-0925 栃木県宇都宮市東簗瀬1-5-7
TEL 028-638-8990

(株)萩原農場
〒636-0222
奈良県磯城郡田原本町法貴寺984
TEL 0744-33-3233

福井シード(株)
〒910-0842 福井市開発5-2004
TEL 0776-52-0262

福種(株)
〒910-0841 福井市開発町1-33-1
TEL 0776-52-1100

藤田種子(株)
〒550-0003 大阪市西区京町堀1-14-25
TEL 06-6445-2401

(有)フタバ種苗卸部
〒901-1205 沖縄県南城市大里高平871
TEL 098-946-6385

(有)ブリティッシュシード
〒153-004 東京都目黒区東山2-1-10-906
TEL 03-3760-2151

(株)増田採種場
〒438-0817 静岡県磐田市上万能168-2
TEL 0538-35-8822

松永種苗(株)
〒483-8212 愛知県江南市古知野瑞穂3
TEL 0587-54-5151

丸種(株)
〒600-8691 京都市下京区七条通新町西入
TEL 075-371-5101

みかど協和(株)
〒267-0056 千葉市緑区大野台1-4-11
TEL 043-311-6100

(株)武蔵野種苗園
〒171-0022 豊島区南池袋1-26-10 8階
TEL 03-3986-0715

(株)柳川採種研究会
〒319-0123 茨城県小美玉市羽鳥256
TEL 0299-46-0311

山形県種苗(株)
〒990-0057 山形市宮町3-6-49
TEL 023-622-3331

雪印種苗(株)
〒263-0001 千葉市稲毛区長沼原町634
TEL 043-216-6288

横浜植木(株)
〒232-8587 神奈川県横浜市南区唐沢15
TEL 043-262-7405

よへな種苗店
〒900-0022 沖縄県那覇市樋川2-2-10
TEL 098-832-7236

(株)渡辺採種場
〒987-8607
宮城県遠田郡美里町南小牛田字町屋敷109
TEL 0229-32-2221

渡辺農事(株)
〒278-0006 千葉県野田市柳沢13
TEL 04-7124-0111

◆野菜品種の問い合わせ先一覧（本書内容関連・五十音順）

2016年1月現在

野菜品種の種は地元の種苗店、JA（農協）、ホームセンターなどで探して入手するようにします。求めにくかったりする場合、下記の種苗メーカーへ連絡して取扱店などを教えてもらうようにします。

朝日工業㈱
〒367-0394 埼玉県児玉郡神川町渡瀬222
TEL 0274-52-6304

㈱アサヒ農園
〒495-0001 愛知県稲沢市祖父江町祖父江字高熊124 TEL 0587-97-2525

カネコ種苗㈱
〒371-0844 群馬県前橋市古市町1-50-12
TEL 027-251-1611

㈱神田育種農場
〒634-0006 奈良県橿原市新賀町262
TEL 0744-22-2603

菊地種苗㈱
〒965-0064
福島県会津若松市神指町大字黒川字村東際83-1 TEL 0242-32-8822

小林種苗㈱
〒675-0039
兵庫県加古川市加古川町粟津404
TEL 079-422-2701

㈱サカタのタネ 野菜統括部
〒224-0041
神奈川県横浜市都筑区仲町台2-7-1
TEL 045-945-8802

㈱佐藤政行種苗
〒020-0891
岩手県紫波郡矢巾町流通センター南1-8-6
TEL 019-638-5411

㈱七宝
〒769-1507
香川県三豊市豊中町岡本2412-2
TEL 0875-62-2278

シンジェンタジャパン㈱
〒104-6021 東京都中央区晴海1-8-10
トリトンスクエアX棟21 TEL 03-6221-1001

㈱ジャパンポテト
〒104-0032 東京都中央区八丁堀4-8-10
パークウエストビル8階 TEL 03-5541-5335

㈱タカヤマシード
〒612-8371 京都市伏見区竹田松林町25
TEL 075-605-4455

タキイ種苗㈱
〒600-8686 京都市下京区梅小路通猪熊東入
TEL 075-365-0123

㈱トーホク 卸部
〒321-0985 栃木県宇都宮市東町309
TEL 028-611-5050

トキタ種苗㈱
〒337-8532 埼玉県さいたま市見沼区中川1069
TEL 048-683-3434

中原種苗場㈱
〒812-0893 福岡市博多区那珂5-9-25
TEL 092-591-0310

ナント種苗㈱
〒634-0077 奈良県橿原市南八木町2-6-4
TEL 0744-22-3351

日東農産種苗㈱
〒232-0034 神奈川県横浜市南区唐沢36
TEL 045-261-5721

日本デルモンテアグリ㈱
〒105-0003 東京都港区西新橋2-1-1
TEL 03-5521-5017

◆主な参考・引用文献一覧

『野菜園芸大事典』野菜園芸大事典編集委員会編著（養賢堂）
『野菜品種の選び方』鈴木光一著（農文協）
『四季を味わうニッポンの野菜』丹野清志著（玄光社）
『ビジュアル園芸・植物用語事典』土橋豊著（家の光協会）
『カラー版 家庭菜園大百科』板木利隆著（家の光協会）
『野菜栽培の基礎』池田英男・川城英夫編著（農文協）
『最新 農業小事典』農業事典編纂委員会編著（農業図書）
『野菜品種名鑑（2013年版）』（日本種苗協会）
『いのちの種を未来に』野口勲著（創森社）
『野菜の種はこうして採ろう』船越建明著（創森社）
『私、農家になりました』三好かやの ほか著（誠文堂新光社）
『東北のすごい生産者に会いに行く』奥田政行・三好かやの著（柴田書店）
『つくる、たべる、昔野菜』岩崎政利・関戸勇著（新潮社）
『農は輝ける』星寛治・山下惣一著（創森社）
『小農救国論』山下惣一著（創森社）
『農産物直売所は生き残れるか～転換期の土台強化と新展開～』二木季男著（創森社）
『蔬菜の新品種 18』伊東正監修（誠文堂新光社）
『園芸学の基礎』鈴木正彦著（農文協）
『野菜のはなし Ｉ』西貞夫編著（技報堂出版）
『地域からの農業再興～コミュニテイ農業の実例をもとに～』蔦谷栄一著（創森社）

「郡山ブランド野菜」郡山ブランド野菜協議会
「いわき昔野菜図譜（其の一～其の三）」（いわき市）
「街こおりやま」2010年1月号～2015年7月号

◆野菜名さくいん（五十音順）

あ 行

か 行

さ 行

た 行

な 行

は 行

ま 行

や 行

ら 行

•M E M O•

■鈴木農場＆伊東種苗店

〒936-0201　福島県郡山市大槻町北寺18
TEL 024-951-1814　FAX 024-951-2178
http://suzukiitou.main.jp

■郡山ブランド野菜協議会

http://www.brandyasai.jp

売り上げ増につながる品種を選ぶ

●

デザイン ——— 寺田有恒
ビレッジ・ハウス
イラストレーション ——— 楢 喜八
撮影 ——— 三宅 岳
取材・写真協力 ——— 環デザイン舎（北瀬幹哉）
トライビート　街こおりやま社
郡山ブランド野菜協議会　あおむしくらぶ
郡山農業青年会議所　日本調理技術専門学校
ヨークベニマル　あさかのFresh
アル・ケッチァーノ（奥田政行）　福ケッチァーノ
JA全農福島＝愛情館　種苗メーカー各社
農研機構北海道農業研究センター
農研機構野菜茶業研究所
福田 俊　三好かやの　ほか
校正 ——— 吉田 仁

著者プロフィール

●鈴木光一（すずき こういち）

鈴木農場＆伊東種苗店代表。

1962年、福島県生まれ。東京農業大学農学部農業経済学科卒業。米農家３代目として水田６ha、畑３haを受け継ぐ。野菜、野菜苗などをつくり、自宅横の直売所やスーパーマーケットのインショップ、地場野菜を重視する飲食店などへ直売。1997年、祖母の実家が経営していた伊東種苗店を引き継ぎ、種や苗の販売もおこなう。

福島県指導農業士、種苗管理士・シードアドバイザー、郡山市農業委員。若手農家らとともに地域ブランド野菜のプロデュースを手がけたり、要請に応じて野菜の品種・種苗・直売についての視察、講習を受け持ったりしている。

〈執筆協力〉

三好かやの　宮城県生まれ。食と農の世界を中心に取材を重ねる。東日本大震災後、東北の生産者を訪ね歩く中で鈴木光一氏と出会う。共著に『東北のすごい生産者に会いに行く』など。

野《や》菜《さい》品《ひん》種《しゅ》はこうして選《えら》ぼう

2016年１月27日　第１刷発行

著　　者――鈴《すず》木《き》光一《こういち》

発 行 者――相場博也

発 行 所――株式会社 創森社

〒162-0805 東京都新宿区矢来町96-4

TEL 03-5228-2270　FAX 03-5228-2410

http://www.soshinsha-pub.com

振替00160-7-770406

組　　版――有限会社 天龍社

印刷製本――中央精版印刷株式会社

ISBN978-4-88340-302-8 C0061

〝食・農・環境・社会一般〟の本

創森社　〒162-0805 東京都新宿区矢来町96-4
TEL 03-5228-2270　FAX 03-5228-2410
http://www.soshinsha-pub.com
＊表示の本体価格に消費税が加わります

固定種野菜の種と育て方
野口 勲・関野幸生 著　A5判220頁1800円

「食」から見直す日本
佐々木輝雄 著　A4判104頁1429円

まだ知らされていない壊国TPP
日本農業新聞取材班 著　A5判224頁1400円

原発廃止で世代責任を果たす
篠原 孝 著　四六判320頁1600円

竹資源の植物誌
内村悦三 著　A5判244頁2000円

市民皆農～食と農のこれまで・これから～
山下惣一・中島 正 著　四六判280頁1600円

さようなら原発の決意
鎌田 慧 著　四六判304頁1400円

自然農の果物づくり
川口由一 監修　三井和夫 他著　A5判204頁1905円

農をつなぐ仕事
内田由紀子・竹村幸祐 著　A5判184頁1800円

共生と提携のコミュニティ農業へ
蔦谷栄一 著　四六判288頁1600円

福島の空の下で
佐藤幸子 著　四六判216頁1400円

農福連携による障がい者就農
近藤龍良 編著　A5判168頁1800円

農は輝ける
星 寛治・山下惣一 著　四六判208頁1400円

農産加工食品の繁盛指南
鳥巣研二 著　A5判240頁2000円

自然農の米づくり
川口由一 監修 大植久美・吉村優男 著　A5判220頁1905円

TPP いのちの瀬戸際
日本農業新聞取材班 著　A5判208頁1300円

大磯学―自然、歴史、文化との共生モデル
伊藤嘉一・小中陽太郎 他編　四六判144頁1200円

種から種へつなぐ
西川芳昭 編　A5判256頁1800円

農産物直売所は生き残れるか
二木季男 著　四六判272頁1600円

地域からの農業再興
蔦谷栄一 著　四六判344頁1600円

自然農にいのち宿りて
川口由一 著　A5判508頁3500円

快適エコ住まいの炭のある家
谷田貝光克 監修　炭焼三太郎 編著　A5判100頁1500円

植物と人間の絆
チャールズ・A・ルイス 著　吉長成恭 監訳　A5判220頁1800円

農本主義へのいざない
宇根 豊 著　四六判328頁1800円

文化昆虫学事始め
三橋 淳・小西正泰 編　四六判276頁1800円

地域からの六次産業化
室屋有宏 著　A5判236頁2200円

小農救国論
山下惣一 著　四六判224頁1500円

タケ・ササ総図典
内村悦三 著　A5判272頁2800円

昭和で失われたもの
伊藤嘉一 著　四六判176頁1400円

育てて楽しむ ウメ 栽培・利用加工
大坪孝之 著　A5判112頁1300円

育てて楽しむ 種採り事始め
福田 俊 著　A5判112頁1300円

育てて楽しむ ブドウ 栽培・利用加工
小林和司 著　A5判104頁1300円

パーマカルチャー事始め
臼井健二・臼井朋子 著　A5判152頁1600円

よく効く手づくり野草茶
境野米子 著　A5判136頁1300円

図解 よくわかる ブルーベリー栽培
玉田孝人・福田 俊 著　A5判168頁1800円

野菜品種はこうして選ぼう
鈴木光一 著　A5判180頁1800円